破解人种密码

刘震海　著

中医古籍出版社

图书在版编目（CIP）数据

破解人种密码/刘震海著. －北京：中医古籍出版社，2010. 10
ISBN 978－7－80174－906－2

Ⅰ. ①破… Ⅱ. ①刘… Ⅲ. ①人种学 Ⅳ. ①Q982

中国版本图书馆 CIP 数据核字（2010）第 183907 号

破解人种密码

刘震海　著

策划编辑　邓永标
责任编辑　孙志波
封面设计　张春红
出版发行　中医古籍出版社
社　　址　北京东直门内南小街 16 号（100700）
印　　刷　北京燕旭开拓印务有限公司
开　　本　710mm×1000mm　1/16
印　　张　14. 25
字　　数　190 千字
版　　次　2010 年 10 月第 1 版　2010 年 10 月第 1 次印刷
印　　数　0001～3000 册
ISBN　978－7－80174－906－2
定　　价　26. 00 元

引论

人类有着共同的母亲——大地，却有着不同的父亲——气候。因而，人种有着共同的形体，却有着不同的特征。人类是天地宇宙间的精灵，共同中有着不同，不同中有着共同。三大人种的不同特征构成了完整的全人类，反映着宇宙信息规律在地球上的完整生发理论。人类人种在没有产生的时期，地球和气候规律就已经存在，这是先有父母而后有子女的必然规律，这才使人种和物种有着一定的秩序规律并为我们人类所见。人种的不同现象，是把地球整体气候与特殊气候的规律布局完整表达出来的一种自然现象，不仅说明了人与自然相互贯通互为一体，而且说明了物质世界的对立统一。地球上的一切物种都在遵循着自然规律的规律而真实存在。所以，全人类和一切物种都是自然界及其规律的产物。由于世上没有离开自然规律而单独存在的事物，因此，人种必然是自然界及其气候规律的产物，因而地球上有规律性特征的人种生态布局就成为必然现象。人种各不相同的特征把天地子女和环境的辩证关系表达得淋漓尽致，说明了宇宙信息规律与大自然灵活而又无所不能的生发功能和特点。全人类所包含的三大人种，反映了人类这一物质精神存在所具有的完整性与完美性的宇宙信息规律存在，使我们看到了宇宙间物质信息规律在地球上的完整显现。因此，我们从人种现象可以窥探到宇宙自然界是一部启发人类思想觉悟的哲学巨著。

随着人类社会的发展和人种现象的日益变化，人种能否永久地存在下去，人种学科能否体现出它的价值所在，这取决于人类社会对人种的认识程度和面临的现实问题。我们知道哲学义多科学义，科学就是分科分类的知识体系。人类是人种的总称，各个人种的学科才能综合说明全人类的现象与本质的辩证统一关系，并升华到整体自然的哲学范畴。由于辩证唯物主义认为“现象是本质的现象”，即人种不同的现象特征是本质在外部的不同表现，没有离开本质的现象，也没有离开现象的本质的人种存在；所以，人种的存在反映着人种内在不同的本质。现代大部分人类学家抛弃了种别的学科，离开人种气候区域去寻找着人类的产生地。无论何地，只要发现年代最久远的古猿和古人类的骨骼遗骸，就证明最早的古猿和古人类遗骸所在地是人类的起源地，这样就把所有的人种归纳到了一个具体的人和具体的地方上来看待事物，以最古老的骨骼遗骸代替否定了其他种别学科的存在。马克思说：“事物的现象和事物的本质直接合而为一，一切科学就成为多余的。”① 人类“非洲起源”说难道不正是把所有人种的现象和本质直接合而为一的学说吗？这样的寻根“科学”难道不是脱离了各人种学科和研究人类起源的真正意义吗？因此，这样追寻人类起源必定走向歧途而自然符合形而上学的观点。对立统一规律中说：“形而上学最根本的特点就是否认事物的内部矛盾，形而上学的基本信条就是排除矛盾。”在形而上学看来，事物内部是绝对的同一，不能包含有相互对立的部分。这样把各个人种内部看成是同一的，不顾其他人种的存在，只认同最早的古猿和古人类的骨骼遗骸或人类共同的基因，这样就排除了现实人种之间的各种内部矛盾，否认唯物主义“现象与本质”的辩证关系，这难道不是形而上学的思想吗？人类“非洲起源”说不仅否认

① 《马克思恩格斯全集》第25卷，第923页

“现象与本质”的辩证关系，而且否认环境条件对事物的相对影响作用；不仅排除了人种的内部矛盾，而且否认事物对立统一的辩证关系。形而上学的思想对亿万年的物种生态起着很大的威胁作用，这样总会对现实存在的人种受到质疑以至于消亡的影响，这样的学说严重妨碍着人类对宇宙全息观的正确认识。

《破解人种密码》，或称《人种多地域起源论》，或称《人种密码》，或称《人种哲学》，是用中西文化结合阐述人种现象与本质的综合学科，说明了人种的多地域起源理论。一门哲学从各个方面将各个人种的现象和本质、内因与外因、原因与结果都能解释得通，说明透彻的哲学学说才是最优秀的哲学理论。中国古代哲学正是这样。今天我们用东西方的学科来说明人种这个综合性的产物。本文以当代地理气候学、中国古代哲学、中国古代医学、马克思主义哲学等学说阐述人种的多地域起源理论，综合阐述人种是在多地域的环境下孕育产生、发展和连续不断的进化理论。通过对理论和实际的了解，能使读者清楚地认识到世界三大人种为什么是黄、白、黑三色并有不同的特征差别，明白本质与特征的辩证统一关系。否定“人类起源于非洲或某一个地区”的“科学”论断；否定其他地区的人类被“非洲的人类所取代”；否定只用一个地区暂时发现最早的古猿和古人类化石的年代推断、猜测、遐想的学说来定论全人类所有人种起源于该化石发现地的观点。把理论、化石和现实存在与人种结合起来破解三大人种的本质差别，进一步阐明了人种现象与本质的必然联系和必然结果；阐明了人种与各种自然环境及其规律的真实吻合，使马克思主义哲学和中国古代哲学以及其他学科对人种的破解在理论上与自然界及其规律完全吻合统一，充分说明了人不仅是自然界及其规律的产物，而且统一于自然界及其规律。人并没有独立于自然界而单独存在，是自然界中的一员，同样符合自然界中的物种布局规律和物种多样性的生存规律。在人体中包含有自然界无数的自然密码，它能够引导我们对自然界和宇宙事物的深刻认识，阐述辩证唯物主义世界统一于物质是多样性统一的哲学观点，并驳斥了人类来自外星的谬论，奠定了人类多地域起源学说的唯物主义哲学理论体系。同时用现实的人种存在和人种化石充分证实了中国古代自然哲学、中国古代医学、马克思主义哲学中的三大规律和“一元论”以及辩证法的基本范畴和世界地理等学科的共同正确。通过认识人种存在，可以了解自然界和宇宙规律，启发人类的思想觉悟，唤醒我们对物质信息存在的高度认识和爱护意识，使我们与自然界溶为一体，达到人与自然和谐的崇高理想境界。哲学既是世界观，又是方法论。有什么样的世界观就有什么样的方法论，中国古代哲学和西方哲学的碰撞就会绽放出人类智慧的光芒。

谨以此书献给我伟大的祖国和世界人民！

目　录

一　人类非洲起源说的理论来源大致有以下几个方面

第一，英国生物学家查理·达尔文在《人类起源和性的选择》一书中提出了人类可能起源于非洲的假说，但这个假说很快随着世界各大洲陆续发现大量类人猿和古人化石以及原始人类使用的劳动工具，被学术界争论不已。

第二，1998 年版《世界通史》记载："最早的原始古猿是在非洲的埃及被发现的，叫做埃及古猿，生活在距今大约 2800 万年前；后又出现了森林古猿，最早在法国被发现，后来在欧洲、亚洲、非洲三大洲都有发现，而这些发现暂时以非洲为最早，一些人类学家把欧亚两洲的森林古猿'视为'非洲古猿的后代。"因而得出了人类起源于非洲的结论。

第三，《世界通史》中记载："1961 年在非洲奥都威峡谷发现的 180 万年的智人头骨并起名为露西，西方人类考古学界就认为人类起源于非洲'走出'了非洲。"

第四，随着基因（共性）学的发展，近代学者发现所有人种的基因基本一致，又由于最早的化石暂时以非洲为最早，因而得出了所有人种的基因最接近非洲人的基因，也就出现了欧亚人种被非洲智人所“取代”的结论。

第五，在百度网，百度百科中的人类起源中的《人类祖先是共同的》一文中说：“不同的肤色是受阳光的影响，居住在非洲阳光强烈，肤色变黑；居住在欧洲阳光较弱，肤色就白；居住在亚洲阳光居中肤色就黄。”这就是仅凭亚洲的气候肯定黑人来到亚洲或欧洲长期定居就会变成黄色人种或白色人种。

第六，1987 年美国科学家华莱士和威尔逊通过检测细胞线粒体内的遗传物质、脱氧核糖核酸声明：“现代人可以追溯其祖先到 15 万年的一个非洲女性。之后一部分现代人开始由非洲大陆向世界各地迁徙。”西方研究基因的科学家说：“人类的起源源自一个非洲的女性。”理由是任何一个人的 DNA 都是以女性为遗传。欧洲基因女科学家说：“当今人类源自几十个非洲女性，现在虽然肤色不一样，但在肤色的下面都一样。”

第七，2001 年澳大利亚的一些基因科学家称，现代人类起源于六万年前居住在澳大利亚的一个共同祖先，这些发现是从一具遗骸所获得的最古老 DNA 进行分析为依据的。

第八，剑桥大学的三位研究人员对现代人类研究分析发现，现代人类开始由非洲大陆向世界其他各洲迁移的路线上，基因的多样性不明显，没有出现大量基因中断，从而加强了“非洲起源说”。这些人类学家以先进的 DNA 研究证明现今人类的部分线粒体 DNA 都和 15 万年前一位非洲妇女相同。

第九，在 2002 年 6 月 1 日的《青海日报》中有些学者以没有发现个别年代的人种化石为“断层说”，来否定其他地区人种的本土起源和人种存在。

第十，甚至有人认为地球人种来自于外星。

人类的“非洲起源学说”大致就是这几种从来不统一的说法。马克思说：“辩证法在对现存事物肯定的理解中同时包含对现存事物的否定理解。”[①] 人类古猿化石在亚、欧、非三大洲，陆续地被大量发现，由于暂时在非洲发现了最早的猿上猿和180万年的智人头骨，并且非洲古猿化石的各个年代的连接性暂时比其他洲完整。因此，目前人类学家倾向于“非洲起源说”的理论。这一理论对现实人种存在和各地发掘出土的人种化石来说缺乏理论性的说服力。还有一部分学者坚持人类起源于欧洲或亚洲，还有坚持人类多地域起源的学者。无论是“非洲起源说”还是其他地域起源说，都不能从理论上融会贯通，完全吻合统一地说明人种的现象和本质。因此，也就不能从本质上深刻地认识人种问题，才造成了诸多的争议。这样也就不能真正地认识人种世界和宇宙事物以及人种和自然界及其规律的密切关系。“人类非洲起源说”不能够指导人类很好地破解人类的现象之谜，它否定着物质的多样性存在，否定着自然界与人种关联的诸多学科，同时反映着研究者的缺陷。

1809年，法国学者拉马克出版了《动物哲学》一书向“上帝造人”的神学观点提出挑战。拉马克的理论触犯了神学世界，因而他受到种种谴责和打击，最后在贫困中死去。1871年达尔文又出版了《人类的起源与性的选择》一书，进一步论述了人类的起源问题，他的学说有力地抨击了人类起源学上的神学观点，这在当时是一个极大的进步，也为现代生物学和人类的产生学科起到了积极的推动作用。1876年恩格斯写成了“劳动在从猿到人转变过程中的作用”一文，在这一光辉著作中运用辩证唯物主义的观点，提出了劳动创造人类的科学理论，并指出劳动是人和动物最本质的区别。上帝造人是唯心主义和不可知论的典型代表。辩证唯物主义认识论

① 马克思．资本论．第1卷．跋［M］．第2版．北京：人民出版社，1953. 18.

认为，人类“通过社会实践，客观世界及其规律是可以被认识的，不仅可以认识事物的现象，而且能够认识事物的本质。世界上只有被认识的和尚未被认识的事物，没有不可以认识的事物。人类的认识能力是有限与无限的统一。”今天科学领域的飞速发展和一系列的理论实践雄辩地证明人类可以无限地提高自己的认识能力，可以无限地揭露客观世界的奥秘所在。在现实中，事实胜于雄辩，摆在我们面前的是清清楚楚不同色彩、不同特征的人种存在，怎么能睁着眼睛否定现实存和内部联系。人种起源是一个很复杂的综合学科，它关联着哲学、考古、天文、地理、医学、气候、环境、基因等综合学科去研究各个人种在宇宙天地这个复杂环境中产生的复杂人类，它不仅仅只是说明人类，更重要的是说明物质多样性的哲学理论和伟大神奇的自然界，我们的自然界是内容极其丰富的自然界，它的自然生发理论是一部完整的哲学书籍。德国哲学家费尔巴哈有一句名言：“自然界是一本不隐藏自己的书，只要我们去读它，我们就可以认识它。”我们的自然界有着说明自然界中整个生物链的生态关系与和谐统一关系的理论依据，单凭基因或者极个别的化石年代的早晚时间这一隅之见来标新立异地勉强解释是远远不够的。如果把单方面的意识强加给客观事物，这是牵强附会的理论。我们作为中华民族的后代，要上对得起祖先，下对得起子孙。这样才能挑起我们这一代人的重担和希望，才能对得起养育人种和自然界的始祖。

各种不同特征的人种在我们的世界活生生地存在着，与“非洲起源说”形成了极大的反差，给我们以极大的困惑。《马克思主义哲学原理·原因和结果》中说：“没有原因的现象和不产生结果的现象都是不存在的，有些现象的原因暂时没有被人发现，但是原因的存在是无疑的，并且总有一天会被人发现，否则就得出不可知论的荒谬理论。”① 马克思指出了事物存在必定有着内在的原因，它的客观根源在于内部的因素，并且肯定世界是可知的，也是不容否定的。今天我们用古老的东方文明智慧和近代马克思主义哲学向大家阐述这个世界的奥秘。

① 马克思．马克思主义哲学原理［M］．天津：天津人民出版社，1984.5. 以下皆同．

二　人类学家对非洲起源说的争议

人不仅能够直立行走而且能够制造工具和使用工具。人也是对一切具有人的共同形体结构特征的称呼。类，就是类似的意思，概括了所有不同肤色特征的人。所以，叫做人类。说明了人类的共同与不同。人类学家在长期的人类起源考古研究探索中，根据各地相继出土的古猿化石，产生了不同的分歧。据人类学家研究发现，古猿就是类人猿和人类的共同祖先，人类就是从古猿逐步进化而来的。2000 年版《世界通史》中说：“无论是从猿类中分化出来的‘古猿’还是正在形成中的人，还是‘完全形成的人’的化石，在非洲、欧洲、亚洲都有大量的发现，只是有的发现早，有的发现晚。从化石的年代来说，早发现的有年代晚的，晚发现的有年代早的，因而形成了一个众说纷纭的问题，最初有‘欧洲起源说’，接着就是‘非洲起源说’，后又有‘亚洲起源说’。由于在非洲发现了最早的猿上猿和 180 万年的智人头骨。所以，就目前的情况看持‘非洲起源说’的占多数，其次是‘欧洲起源说’，而后又大有人持‘亚洲起源说’。”有一位持有一种进化论的学者叫海格尔，他在 1863 年发表的《自然创造史》一书中主张“人类起源于南亚”，并绘制了人种迁徙的途径。欧洲，特别是西欧，曾一度被认为是人类的发源地。从 1823 年到 1925 年出土 116 个个体化石，其中包括猿人阶段的海德堡人。而新石器时代发现的人骨逐步的多了起来，达到236起。在人类起源上欧洲布满了人类起源的遗迹。1911年古生物学家马修在《气候与演化》一书中列举了种种理由说明中亚高原是人类的起源地。1930年美国古生物学家刘易斯在印巴交界处的西瓦立克山得到一块上颌碎块，该标本有些接近人的特点，他便用印度一个神的名字“腊玛”把它命名为“腊玛猿”。到了20世纪60年代，古生物学家皮尔宾姆和西蒙斯对林猿类26个属50多个种作综合研究时，注意到“腊玛猿”形态上似人的特点，认为这可能是人类这一支系的祖先类型，并将它从猿科转到人科中，人类南亚说再度兴起。进入当代世界范围内古人类遗骸获得了很大证据，在巴基斯坦、波特高原、匈牙利、土耳其、希腊、非洲、欧洲和亚洲涌现了大量的古人类化石，说明古人类的起源布满了世界三大洲。

人类的起源究竟怎样，近代的人类学家期待于更多的化石出土和深入研究。澳大利亚用基因定论了6万年前的一个妇女为当今的人类之祖。当前欧洲人类学家又用基因（共性）定论了15万年前的一具古尸为人类的始祖，并称之为“夏娃”。人类的部分线粒体DNA都和这位15万年前的非洲妇女相同。然而，实践雄辩地证明早在这两位非洲女性之前已有大量的人类活动遗迹和物证存在，足见用基因定论人类起源的误区。由此可见，人类学家的草率和弊端，这些学者们从来不统一的说法总是与现实相违背并互相矛盾，总是在现实和实践面前不经一驳，这足以说明他们在理论上存在着巨大的错误。无论近代的人类学家发现多少人类化石，它的年代总有早晚的不同，人类起源说随着年代早晚的不同而产生不同的起源争议。今天我们用东西方文化结合当代有关学科对人种进行分析研究和破解，就能得出很清楚的答案。法国启蒙思想家、文学家、哲学家伏尔泰（弗朗索瓦·马利·阿鲁埃）曾经说过：“当一个人以哲学家的身份去了解这个世界时，他首先把目光朝向东方，因为东方是一切艺术的摇篮，东方曾给了西方以一切。”

三 近代人类化石的年代发现与人种分析

我们首先了解一下人类学家对人类化石的考古发现。现代人类考古学已发现的人类化石从原上猿（埃及古猿）到晚期智人的化石基本上了解了人类的起源进化史，但人类化石不可能把每个人种的进化历史清清楚楚地都保留下来让人类去发现，自然界的鬼斧神工使我们生活的地球经历了翻天覆地的变化，有些地区的变化由于沙化、地震、洪灾等无法抗拒的自然力量而改变的环境是永远无法挽回它的原始地貌。众所周知，我国的四大平原中的三大平原就与河流冲积和堆积泥沙形成直接有关；华北平原由黄河、淮河、海河、滦河冲积而成；东北平原有辽河、松花江、嫩河冲积而成；长江中下游平原由长江及其支流冲积而成；尤其是长江口大量的泥沙冲积，现在崇明岛还在不断地扩张中。这些河流无情地掩埋了我们的很多文明历史，难以从中找出证据。养育我们中华民族的母亲河——黄河，更是远古华夏先辈繁衍生息的重要栖息地之一，而它千百次的狂怒泛滥和改道在千百万年的历史中无情地夺走和掩盖了我们在艰难条件下创造的许多文明。

然而有些地区的生态环境保存得相对完好，能够找出证明它的文明物证，但不能因为找不出化石就去否定事物的现实存在，这种逻辑是不对的。因为人类是大地的产物，而大地不是人类的产物，事物的存在是不以人的意志为转移的，更何况大地不是为了人类和人类的化石而产生的。我们根据辩证唯物主义的理论知道偶然性的发现对一般事物来说：“可能出现，也可能不出现。”偶然发现遥远古代的人类化石的概率在有些保存完好的地区又有它的必然性，而有些地区纯属偶然性。但化石和人类以及其他事物内在本质的发现则是必然性占支配地位，它决定事物发展的前途和方向，偶然性对事物的发展可以起着加速或延缓的作用，可以使事物的必然趋势的实现发生某些摇摆或偏离，使事物的发展过程具有不同的面貌，但不能改变事物的发展方向和总的趋势，世界各地古人类化石的大量出土就说明了这一点。所以，人种的起源必定会从本质上揭露出来。由于一切事物都是普遍性和特殊性的统一，因此，一切事物或人类化石都不能抛弃它的特殊性而用普遍性去定论和代表它的所有性。

马克思说：“事物的现象和事物的本质直接合而为一，一切科学就成为多余的。”正因为所有事物具备了特殊性，所以才有了不同现象和本质上的无限差别和统一，而科学之所以能够存在，能够飞速发展就是因为它能够不断揭示事物的本质，使我们从本质上认识客观事物。因此，才能脱离现象和本质上的直接合而为一的现象，从而达到正真认识和服务人类的目的。

辩证唯物主义认为：“不同的现象就有不同的本质。”我们不难得知对一切事物的研究都要从实际中去认真地考察，才能正确揭示事物的内在本质。由于事物都是现象和本质的体现，而它们内在的特殊性和必然性规律在自然界中是最客观、最合乎必然性的现实存在。所以，现象与本质是不以人的意志为转移的客观存在，不管人们承认不承认这种因果联系，它总是在人们的意识之外存在着。一切人种差别的外部现象都是毫无例外地受因果联系支配，任何现象都有它产生的原因，任何原因也都必然引起一定的结果。所以，任何一种不同的人种现象都有它内在的特殊原因才产生了各种差别的人种世界，从而构成了与事物一样具有多姿多彩而又具备较大差别又相互统一的人类人种社会，同时与事物一样具备物质世界的完美性和完整性的存在规律使我们的世界无限多样。因此，各个人种的颜色和特征差别反映了宇宙自然界的完整生发理论，同时也说明了宇宙的总规律，开启了我们对世界观和宇宙全息观的认识，通过多姿多彩和千差万别的多样性来发现事物的统一性。所以，地球人种构成了完美性与完整性的统一，反映了宇宙信息的完整性存在的必然规律。人种的存在是自然界用无声的语言告诉智慧的人类，宇宙和自然界本来所具有的一切信息存在。

《辩证唯物主义·对立统一规律》中说："每一具体事物只有在一定条件下才能产生，发展和趋于灭亡。"斯大林说："一切都依条件、地方和时间为转移，因此撇开现象和各种条件去孤立考察问题，就会走向极端的错误。"① 所以，抛开人种的不同现象和实际存在的一切环境和条件，就是割裂了实际与理论去考察问题，也就得出了错误的结果。辩证唯物主义对立统一规律中说："不坚持条件论的辩证法，决不是唯物主义辩证法。"这句话说得是多么的尖锐啊！因此，一切具体事物或现象都是有条件的，只有"有条件"这一点才是无条件的。现代社会人类的科技智慧已达到了相当高的水平，我们可根据哲学、医学和其他科学手段全面分析就一定能够认识我们所要认识的东西，这也是符合人类社会发展的必然规律和认识规律。

任何一个事物都是在自然界的条件下自由产生而又不得不产生和不得不进化的，所有事物的多样性都是不断地反映着自然界的各种条件来归纳和演绎事物的完整性，事物的完整性包含着多样性，多样性的归纳可以演

① ［苏联］斯大林．列宁主义问题［M］．北京：人民出版社，1955. 695.

绎到事物的完美性。二者是辩证统一的，它们相互补充，不可分割，互为条件。从自然界的整体来看，正如马克思所说："具体之所以是具体，因为它是许多规定的综合，因而是多样性的统一。"① 这里所说的规定则是条件对事物的局限。因此，具体问题具体分析是唯物辩证法活的灵魂。人类世界同样是通过多样性来反映她的完整性和完美性存在。人种现象的多地域存在是对自然界各个地区自然条件的不同反映，也是对地球本身和具体事物的最本能的归纳演绎，整个自然界中各地区的条件（水、土、气候等等）都是遵循自然规律而产生不尽相同但又大致相同既有普遍性又有特殊性的统一事物，构成了既有统一性又有差别性的共同而又不同的具体事物，以符合自然界规律的现实性。全球各地的普遍性与特殊性的相互结合既可演绎归纳到事物的完整性也必然产生事物的完美性，世界各地人类的化石出土就说明了这一点。

（一）目前人类的化石发现

（1）原上猿（埃及古猿）距今约3500万年~3000万年至2800万年前，发现于埃及的法雍绿洲。埃及面积约100万平方公里，其中6万平方公里的西奈半岛位于亚洲，实地跨亚非的国家，实际上地处欧、亚、非的交汇处。

（2）森林古猿距今约2300万年~1000万年。

（3）腊玛古猿距今约1400万年~800万年。

（4）南方古猿距今约550万年~400万年。

从目前发现的森林古猿到南方古猿化石在中国开远、俄罗斯的高加索、法国和坦桑尼亚都有发现，不止一次地证明人类是多地域起源的。

---

①《马克思恩格斯选集》第二卷，第103页。

(5) 早期猿人距今约300万年~175万年。

(6) 晚期猿人距今约150万年~50万年。

(7) 早期智人距今约20万年~3万年。

(8) 晚期智人距今约4万年前。

1. 欧洲

[圣戈当、高加索] 森林古猿约2300~1000万年前。

山迪尔，腊玛古猿约1400~800万年前。

[普累西勒提、茅尔、维特沙洛斯] 晚期猿人约150万年~50万年前。

[阿布里苏阿尔、尼安维特、福贝石坑、埃灵斯多夫] 早期智人约20万~3万年前。

克罗马农，晚期智人约4万年。

2. 非洲

法雍绿洲，原上猿（埃及古猿）距今约3500万年~3000万年至2800万年前。

奥都峡谷，森林古猿约2300~1000万年前。

特南堡，腊玛古猿距今约1400万年~800万年。

[奥莫、罗塔加姆、奥都威、马卡潘] 南方古猿距今约550万年~400万年。

[哈达尔、东图尔卡那、莱托利、斯瓦特兰司] 早期猿人距今约300万年~175万年。

[东图尔卡那、特尼菲纳、奥都威、西迪-阿卜杜勒-拉赫曼] 晚期猿人距今约150万~50万年。

[布罗肯希尔、萨尔达纳] 早期智人距今约20万年~3万年。

阿塞纳尔，晚期智人距今约4万年前。

3. 大洋州

蒙戈湖，晚期智人距今约4万年前。

4. 北美洲

［桑地亚、纳齐慈、米德兰、特佩斯潘、明尼苏达］晚期智人距今约4万年前。

5. 亚洲

西亚：

西瓦立克，腊玛古猿约1400～800万年前。

阿穆德，早期智人约20万年～3万年前。

印度尼西亚：

［特里尼尔、莫左克托］晚期猿人约150万～50万年前。

［艾塔佩、尼阿］晚期智人距今约4万年前。

东亚：中国发现的古人类化石。

（1）直立人

坦曲人，4500万年，山西坦曲县。

开远，森林古猿2300万年～1000万年前。

腊玛猿人，800万年，云南禄丰。

南方古猿，300万年，湖北建始县。

巫山人，204万年，四川三峡龙骨坡。

西侯猿人，180万年，山西西候度。

元谋人，170万年，云南元谋。

蓝田人，75万年，陕西蓝田。

郧县人，60万年，湖北郧县。

北京人，50 万年，北京周口店。

和县人，30 万年，安徽和县。

（2）早期智人

金牛山人，28 万年，辽宁营口县。

大荔人，28 万年，陕西大荔县。

马坝人，13 万年，广东曲江县。

许昌人，8 万 ~10 万年，河南许昌。

许家窑人，6 万年前，山西阳高县。

长阳人，6 万年前，湖北长阳县。

丁村人，5 万年，山西汾县。

（3）晚期智人

河套人，4 万年，内蒙古乌审旗。

山顶洞人，4 万年前，北京周口店。

柳江人，4 万年前，广西柳江县。

左镇人，2 万年前，台湾台南县。

榆树人，2 万年前，吉林榆树县。

下草湾人，2 万年前，江苏泗洪县。

资阳人，1 万年前，四川资阳县。

（二）化石发现的意义

根据以上世界各地的化石发现，我们不难看出，中国几乎是世界上古人类化石发现最多最全的国家。从中国近几年发现的化石来看，这些化石逐步填补了中国一些化石年代的紧要空白，有力地驳斥了“非洲起源说”。中国在没有发现“许昌人”、“巫山人”以及个别中华古人类化石时，那些个跟随西方人种研究的学者大唱“非洲起源说”。这些化石没有被发现时，他们认为中国的人种化石已经断代，并在人类化石研究的文章中大量出现“取代”说，仅凭他们的想象就把亚洲的人种起源局限在他们的遐想之中。殊不知悠悠时光的漫长和物证出现的必然性规律所在，当这些化石逐步被发现时，铁一样的事实摆在了他们的面前，他们依然不愿看到自己的错误结论，尽力维护自己的学说，利用各种方法树立自己学说不败的形象。然而，唯物主义的必然性规律是不可以改变的，人种存在的现实性也不是以个别权威人士的言论和脸色而改变，无论他们怎么殚心竭虑，现实社会人种多样性的存在必然在人类面前一代代一次次地更加充分证明它的现实性和真理性，无可改变的事实清清楚楚地浮出了历史的水面，无论是任何人最终必将承认和服从于唯物主义和自然界的必然性规律。今后还会随着时间的推移和世界化石的大发现早晚会有更多的人种化石出现，这些证据像铁一样地展现在人类的面前，证明人种的多样性和多地域的起源符合自然规律的统一发展，这也是符合唯物主义的必然性规律。看来这只是时间的问题，也是偶然性和必然性的问题，最终人类化石的研究必然证明马克思的“现象与本质，原因与结果、内因与外因的辩证唯物主义观点”；证明普遍性与特殊性以及事物是以多样性的形式而产生和发展并相互统一的精辟论断。

（三）动摇人类“非洲起源说”的有力证据

“非洲起源说”认为：中国的北京猿人等在距今约二十万年前消失，现代世界各人种“都是来自非洲人类的后代”。“非洲起源说”的坚实基础就是因为亚洲缺少10万年、20万年和200万年的古人类化石。此前，中国也发现了北京人、元谋人、郧县人等不少直立人化石，但没有超过200万年的，使“亚洲起源说”缺乏有力的实物证据，难与“非洲起源说”相提并论。可是事物的发展不是以“非洲起源说”的意志为转移，而是以客观事物发展的必然规律而出现。

我国湖北省的清江流域发现了距今215万年~195万年“建始人”化石。“建始人”化石的发现填补了200万年的化石空白。继“建始人”后在长阳地区又发现距今近20万年的“长阳人”化石。

1965年春“许昌人”的重大发现填补了我国10万年左右的紧要空白。“中国古人类连续进化学说”缺失5万~10万年间的人类化石。而这一时期正是“非洲起源说”推断非洲智人走向世界“取代”世界各地早期智人的关键时段。此次发现距今8万~10万年的“许昌人”头盖骨，正处在这个非常关键的时间段，充分证明了这一时期的中国古人类存在。

1986年龙骨坡遗址又发掘出距今约201万~204万年的“巫山人”后被定名为“直立人巫山亚种”（Home erectus wushanensis），此次发现的遗址中116种早更新世初期的哺乳动物化石，具有极为重要的科学价值。出土的石器有大量清楚的人工打击痕迹的石器并有绘画的标志，绘画的标志代表着文化的象征，并伴随这着大量的古人类生活遗迹可以深入考证出，本次发掘是世界发掘史上是前所未有的，是目前人类史规模最大、物种最多的一次发掘史，填补了中国早期人类化石的空白。“巫山人”化石，轰动了世界，不仅动摇了国外考古界坚持认为直立人起源于非洲的说法，也证实了中国最早的古人类生活在亚热带季风和季风湿润性气候的三峡地区。三峡这一亚热带季风和季风湿润性气候区的物种生态和地质条件是非洲奥都威峡谷所无法相比的。从化石的出土和地质地貌来看，三峡是世界上古人类生存的最理想的地域之一。三峡的条件对中国古人类起源的研究具有重大意义。

2002年在安徽省淮南市八公山发现的两棵古猿牙齿是中国最早的古猿化石，距今300多万年，据专家介绍这次公布的鉴定结果不止一次地证明了中国是早期人类早期起源地之一。这次发现填补了中国早期猿人（300

万～175万年）的人种发展空白。

《参考消息》2001年2月24日文章，由澳大利亚和中国科学家研究确定《中国古人类进化自成一体》的理论，1993年在南京附近的汤山洞穴中发现一具“南京人”（直立人），这一具“南京人”距今58万～62万年以前，生活年代远比以前认定的要早得多，这个理论进一步证明了人类是多地域起源的。这个理论认为亚洲人是在亚洲本土进化，而不是源自非洲。进一步证明了只要条件合适地球以多地域的形式孕育着人类，否定了世界人种来自非洲一地的理论。这个实践理论给了我们极大的启发，它远远超出了一些基因学者用基因定论人类始祖才有十几万年的结论，更有力地抨击了用DNA定论的人类是15万年前的一位非洲女性或澳大利亚6万年前的一个共同祖先。但也不能因为这具“南京人”的年代久远就认为他是全人类的始祖，这只不过是人类历史长河中的沧海一粟，仅中国的北京猿人就足以驳倒当代个别科家用基因定论人类始祖起源于十几万年的荒谬理论。

南方古猿和早期猿人是近代才被发现的，尤其是在中国的重大发现不止一次证明了中国同样是早期人类的重要起源地之一。在没有发现南方古猿和早期猿人之前，个别人类学家用断层来否定各大洲的所有人种为被“非洲猿人”所代替，这种草率的观点随着古化石的发现，铁一般的证据一次次驳斥了他们用化石早晚年代的理论来定论人种起源的错误观点，尤其是“巫山人化石”和“许昌人化石”的发现更有力地驳斥了“非洲起源”说和他们所谓的“断代”、“取代”说理论。因此，只要在化石研究上稍有一点空隙就会被“非洲起源说”的学者们利用。所以，我们不仅要从各种学科中研究发现，而且要以哲学的思想观点来考察研究问题，这种谨慎的态度始终是我们对待事物最根本最严谨的科学态度和方法论。

广西百色盆地发现的旧石器经美国斯坦福大学古人类学家，理查·科莱恩考察说："这说明白色之类的旧石器工业不是西方阿设立工业的翻版，证明非洲与亚洲人类在人类文化上并无联系"中国考古学从目前暂时发现的坦曲古猿到森林古猿再到挖掘到的800万年的云南腊玛古猿化石再到300万年的湖北南方古猿的牙齿化石，直到170万年的云南元谋人化石和10万年的许昌人以及大量的远古历史遗迹，都证明着中国这块土地是早期人类起源和进化的摇篮之一。只要我们稍微加以留心，就不难看出在这些强大的考古实据面前早就具备了足以推翻那些用基因（共性）和个别化石年代定论人类"非洲起源说"的理论。

任何一个事物的发展都是遵循辩证唯物主义的发展规律，它不可能没有多样性（特殊性），也不可能没有普遍性（统一性），科学之所以存在并飞速发展，就是因为它能深刻认识事物的内在原因，达到从普遍性到特殊性的最本质的飞跃性认识。因此，一个地区的古人类化石它不能代表所有地区全人类的本质特征。

从中国出土的古人类化石看，立足"非洲起源说"的所有断代年代都在我国陆续发现，这些发现证明亚洲人是由本土自身连续产生、发展进化而来，根本不是从非洲迁徙而来。连续不断地发现是事物发展的必然结果，使"非洲起源说"的坚实基础步步瓦解。必然性告诉我们，今后还会有化石大发现，这是人类社会发展的必然规律。这些化石的发现，不仅证实了偶然性与必然性的唯物主义观点，而且证实了"非洲起源说"缺乏各种理论性的指导，同时也说明了人类理论的不足。我国古人类化石年代的发现，从森林古猿向人类进化，经过能人、直立人到智人即现代人的化石出土，从最远古的古猿到晚期智人的化石都已填补了个别人类学家所猜测的缺陷，充分论证了我国是人类的起源地之一，否定了近10万年来中国人的祖先原自非洲的说法。这些化石发现已推倒了那些化石发现之前的种种假说，奠定证明了辩证唯物主义物质的多样性存在，证明了物质是普遍性与特殊性相互统一，相互区别的理论基石。充分证明了中国人是由本土起源和自身连续不断发展和进化而来，说明了人类是多地域起源的客观理论存在。

人类起源是一门综合而又复杂的学科。如果在人种学上不具备哲学、天文学、地理学、考古学、中医学等学科，那么，它就很不完善，很难得出正确的答案；因为人本身就是综合学科的产物与自然环境彼此关联，人类考古学家对人类人种这一课题考古结论的正确与否，直接影响到人们对自然界、对现实存在的人种和未来人种存在具有重大的哲学指导意义。那些仅凭一隅之见就轻易下结论的学者，实在是不负责任，过于草率。在我们这个星球上，地球的变化是翻天覆地的，印度板块和亚洲板块的撞击使青藏板块高高隆起，成为世界屋脊，巨大的自然力量是人的思维所无法想象到的。通过地质学我们可以知道，在漫漫的历史长河中，地壳运动和大自然的变化经历了翻天覆地而又巨大得令人难以想象的变化。有些时代的东西在大多地区，因大自然和地壳的复杂变化是永远也找不到的，从而造成所谓的“断层”，但在某些特殊的地区却是可以发现的。难道造成断层就可以说不存在吗？绝不。历史的存在是不以人的意志为转移的，大自然的复杂变化不可能一代一代，一个世纪一个世纪地把所有人种化石完整地保存下来让人类发现。一个世纪对人来说虽然较长，但对大自然来说只不过是历史的一瞬。自然界用亿万年的时间进行过几十次大规模的变化。据地质学家们报道，20 亿年前太古代与元古代交界时期，曾发生第一次全球性的生物灭绝灾害。在 2.3 亿万年前，古生代与中生代交界时期，由于陨石撞击地球（相当于二迭纪至三迭纪），生物的灭绝达 82%，种属的灭绝达 95%。约 1 亿年前，中生代与新生代交界时期（相当于白垩纪与第三纪），地质学者们从黏土层内发现铱异常。这一时期发现了包括恐龙在内的生物大灭绝[1]。6亿年来地壳的变化（无论是地质性的，还是天外来的）都是翻天覆地的大变化，造成断层的诸多条件是我们无法想象到的。就算“断层”暂时没被填补，事物的内因决定黑人去往欧洲眼睛也不可能变为蓝色，头发也不可能变为金黄色，诸多的特征是本身所固有的，辩证唯物主义和现实存在告诉我们内因是事物发展的根本本质，它具有稳定性，并且客观地存在和遗传，而外因才是事物发展的条件。黑人来到亚洲嘴唇不会变薄、皮肤不会变为黄白，头发不会变直、头部不会普遍地长出印加骨等。诸多的人种特征是由内因的稳定性决定它们是不会改变的，即便是混血也没有彻底改变他们的内因，更何况是外部条件。

在《世界通史》以及基因成果等一些书籍中有非洲智人“取代”亚欧人种的说法。“取代”这两个字无法理解。这个“取代”是说“取代”了亚洲人种或欧洲人种。如此说来，亚洲和欧洲本来就有种群性的亚欧人种生存了，又谈何人种起源于非洲的一个人或几个人的问题，这不是自相矛盾吗？找不到化石就能否定现实吗？可是活生生的人种存在彻底否定着他们的“取代”说。人类起源应该从现实人种存在的内因和本质入手，结合其他哲学和考古学以及科学手段向前进行辩证推理。如果否定了现实存在就是睁着眼睛说瞎话，就会对现有人种存在的认识造成危害，以至于影响到人类的认识进程和人种多样性存在的问题。历史上人类通过无数次的战争以及两次世界大战的实践都证明，一个人种在正常的繁衍生息和进化中是不可能被完全消灭和取代的，在他们的栖息地总是留有居民，除非用近代武器进行大规模惨无人道的杀戮，更何况人种的产生和繁衍具有种群理论才能够繁衍下去，否则，种族就不会延续。非洲原始部落的群体智人如

---

① 徐谋昌．生态灾变和渐变，天地生综合研究进展．第三届全国天地生相互关系学术讨论会论文集，北京：中国科学技术出版社，1989. 12.

何“取代”欧亚本土广大的群体呢?

辩证唯物主义认为“现象反映本质”。从现有的人种特征看，人种差别是如此鲜明巨大，明显的人种特征差别表明人种之间内因与外因存在着巨大的差别，这种内因与外因的差别表明了其他人种与非洲人种的起源毫无联系，这些突出的各种人种的特征构成了完整而又统一的全人类。如果是大的自然灾害，必定会牵扯到全球性的共同灾难问题，不可能非洲不受影响，以上地球生物的几次大灭绝性的灾难就是很好的例子。由此可知，只有结合多学科的人种研究才能用以揭露事物的本质，否则就会为现象所迷，给人类社会带来不良结果，而广大百姓最容易接受这些通俗表面的内容。摆在人类面前的是明明白白、清清楚楚的本质完全不同的各色人种，怎能否定现象与本质的辩证统一关系，否定内因与外因，原因与结果的客观存在呢?《马克思主义哲学·现象与本质》中说:“事物的现象和事物的本质直接合而为一，一切科学就成为多余的。”[①] 所以，从本质上认识事物始终是科学的根本任务。因此，应该从马克思的现象与本质着手，循序渐进，一步步揭示事物的本来面目。

《马克思主义哲学·原因和结果》中说:“唯心论和不可知论是非决定论者，他们否认因果联系的客观性和普遍性。他们或者否认客观现象的因果性，或从意识、理性、逻辑中引出因果性，然后把它强加给客观世界”。这句话很是精辟的，非常值得深思。所以，一些学者以普遍性的化石或断层或基因（事物的共性）等引出因果性，然后把自身的意识，强加给客观事物。这是脱离了实际的一种弊病。因此，一切从实际出发，实事求是，是辩证唯物主义解决问题和分析问题的根本原则，违反了这个根本原则就会走向失败。我们只有在认识事物与人种问题上本着从实际出发，并结合

① 《马克思恩格斯选集》第二卷，第103页。

当地的各种条件情况，理论联系实际，才能彻底地认识事物与人种问题的根本原因所在。

辩证唯物主义的认识论认为：“人们对一个事物的正确认识的获得往往不是一次就能完成的，而是需要实践—认识—再实践—再认识多次的反复才能完成的。”因为客观事物是极其复杂和多变的。他的本质和规律往往隐藏在许多现象之中，甚至为假象所掩盖。人类的聪明才智和哲学的指导判断，以上中国和世界各地的古人类化石的不断被发现，充分证明了亚洲和欧洲同样是人类的诞生地之一。铁一样的事实证明了亚洲是蒙古人种的摇篮，我们有理由相信各个时期的古人类化石在亚欧地区早晚会有更大的发现，“非洲起源说”早晚要退出历史的舞台，看来这只是时间问题。

四　辩证唯物主义说明以基因和个别化石定论人类起源的误区

1. 人类骨骼化石和基因是普遍贯穿于一切人种的始终

人类是普遍性存在，人种是特殊性存在，各人种组成了全人类，全人类是普遍性与特殊性的统一存在。人种是以不同特征的特殊性形式而存在。亚、欧、非地区的古人类骨骼遗骸都包含着各自人种的特殊性，每个人种都是自然界及其规律和环境的自然产物，又与其他环境和规律形成鲜明对比，时刻证明着人与自然环境及其规律是互为一体，不可分割的有机体，充分体现了人种特征和环境特征的统一（后文祥述）。人种的骨骼遗骸是所有人种都具有的基本骨架，是失去了血肉特征的骨骼遗骸，它贯穿于一切人种的始终，历经了千百万年，虽然失去了很多明显特征，但只要仔细分辨它依然存在着不同的差别和特征现象。这种差别特征的存在是本质的存在，是不能改变的，也是不能被代替的，更不能被随意猜测和视为而否定它的存在。科学就是需要非常谨慎的工作态度。列宁说："任何一般只是大至地包含一切个别事物，任何个别事物不能完全包括在一般之中。”① 所以，一个人种的化石不能包含所有人种的特征。因此，也就不能代表所有人种。如果要强行代表全人类的起源地，就是否认其他地区人种的起源存在，这就是把自己的主观意识强加于客观事物。而客观事物的存在又不以人的意志为转移而客观地存在，这种客观存在又受强加于客观事物思想的影响，致使事物的生态趋于消亡，这就是否认事物的内部矛盾和排除矛盾带来的恶果。考察人类起源不能因为暂时发现了某个最早的骨骼遗骇而否定其他地区的特殊人种存在。三大人种的差别和现象都是从本质上反映出来的，如果因为年代久远而认可一个地区的化石否认抛弃其他地区的人种化石特征和客观而又鲜明的人种存在，就是脱离实际，脱离真正的人类研究，也就失去了研究人类起源的正真意义。

认同人类骨骼的普遍性而抛弃特殊性存在，自然就会走向用暂时发现的最早化石定论全人类起源地的结论，也就得出了世界其他地区所有化石特征存在和现实存在的人种任由一些人种学家推断演说，自然造成无限争议的观点。辩证唯物主义告诉我们，在观察问题和处理问题时，必须把普遍性和特殊性接合起来，既不能离开普遍性去找特殊性，也不能离开特殊性去找普遍性。因此，割裂了二者的辩证关系，就会走向教条主义或经验主义，就会走向唯心主义或形而上学的道路，就会犯“左”或“右”的错误。

但是，无论“非洲起源说”说的多么在理，人种的多样性以客观现实的人种存在呈现在全人类的面前，并不断证明内因与外因、原因与结果、现象与本质的辩证关系。由于个别不能包括一般的辩证关系。因此，用任何一种原始人种的化石年代来取代所有人种特征和定论整个全人类的起源

① 《列宁选集》第二卷，第713页。

之地都是不客观、不现实、不正确的。因为，这是不能用个别来代替全人类起源的问题，全人类包含个别，个别不能包含全人类，个别只能说明它的进化时段，并不能说明所有人种的差别特征和起源的原因，但不同大陆的个别古猿化石又是许多具体的综合反馈，因而是多样性的统一。一切事物的发展都是内因起着主导作用，种别的产生有其必然的原因所在。因此，有人种必然就有猿种，有种别就有不同的内因存在，从而产生不同的特征差别。古猿化石是所有猿种都具有的骨骼遗骸，一个猿种只能代表猿类的进化年代而不能取代和否定所有猿种的存在。这是个别不能代表一般的问题，抛弃了猿种或人种的特殊特征去研究人类起源，就是抛弃了人类起源的真正意义。

由于事物彼此的关联性存在也就否认了事物的其他条件存在，这样不仅仅否认了猿种的存在，而且否认世界不同的气候条件差别和人与自然规律的密切关系。因为，条件是事物产生发展的根本，人种差别的存在，说明了环境条件和规律对事物的真实作用，宇宙间的一切事物都离不开条件，条件是创造事物的根本。只有有条件，这一点才是无条件的。因此，不可以抛弃人种的特殊性而用人类普遍存在的骨骼遗骸去取代定论所有人种的特殊性存在。所以，一切事物都在特定的环境、特定的时间、特定的空间具体存在着。

这两年来随着基因学的发展，有人研究发现中国人的基因与非洲人的基因最为接近，就说中国人“源自非洲”，也有人在研究白色人种中发现黑人基因与白人基因又最为接近，就说“白色人种起源于非洲”。各人种的基因如此相近为什么不反过来说黑人源自亚欧大陆呢？因为在非洲发现了最早的古猿化石，而在欧亚大陆暂时没有超过非洲古猿的化石年代。因此，就用基因来追溯目前暂时发现最早的古猿化石的年代源头，由于人类的基因共同（见下段），这样就得出了人类起源于非洲的假说。如果以后在欧亚大陆再次发现最早的人类化石难道又可以说人类起源于欧亚大陆吗？这样的化石循环发现和争议过程不是经常出现吗？人类化石年代已是非常非常久远的历史，化石的发现在人类的探索中也是没有终止的时候。所以，根据个别地区的古猿化石定论人类起源地也是没有固定终止的时候。近年又有人研究中国山东临淄人与欧洲人的基因最为接近，也就产生了欧洲人是山东临淄人的始祖问题。诸如此类现象比比皆是，举不胜举，这些互为始祖的问题一直困扰着我们。有些人仅凭一隅之见就在各媒介大做文章，否定我们的民族、国家以及世界各人种的本土起源和人种的多样性存在，这实际上是对基因学的错误认识，是对人种科学的偏离，也是严重地脱离了哲学的指导和实践辩证分析研究而产生的歧见。

2001 年上半年新闻联播播报：由联合国向全世界宣布了由中、美、俄三国的基因研究成果。这一成果中说："人类的基因与老鼠的基因最为接近，相同率为 99.99% 的共同。"这一成果的宣布再次证明了人与生物基因的共同相似，更何况人种与人种之间的基因相近，也证明了剑桥大学三位基因研究者研究现代人类基因多样性不明显的根本原因。人种与人种之间如果差距稍大、多样性明显那就会成为异类。这个成果的宣布同时也证明了中国古代哲学思想"万物同源说"和马克思主义哲学"一元论"的共同正确，同时证明了普遍性（共性、一般）贯穿于一切事物的始终的辩证思想，可以彻底否定用人类共同的基因或者个别化石单方面定论人种起源的错误观点。人与鼠的基因最为接近难道就能说谁是谁的先祖吗？相反，它恰恰能证明人与万物有着统一本原的有力证据，更有力地证明了人种与人种、人类和事物的之间的共近。《马克思主义哲学原理·矛盾的普遍性和特殊性》中说："没有不包含共性的个性，任何事物都是共性和个性的统一。"所以，遗传学家们用通用的人种遗传基因信息寻找人类的起源，这是严重地抛弃了事物的特殊性而认同人类的普遍性。所有这 100 万种生物都用通用的遗传密码，充分地证明人类与万物只有一个始祖。核苷酸的不同排列形成了千差万别的形态，有机界和无机界是一个统一的整体，包括人类在内的一切生物都是由细胞构成的，一切生物都是由微生物形成产生和发展起来的，所有物质的产生发展都是由内部的运动变化和外部的条件运动变化结合发展而来。

《马克思恩格斯选集》说："物质的多样性是从物质自身的永恒运动中产生的。"① 这是物质发展的必然过程，由于人是自然界的产物，人的产生和发展必然遵循自然规律。只有种别这个特殊性才能与环境规律相符合相统一，才能说明事物产生演变的根本原因和规律，也只有种别才能把事物的特殊性和普遍性结合起来。种别能够具体问题具体分析，能够贯通一切事物的发展和演变规律。综合遗传学的推演论有一个共同的结论，就是所有人种起源地起源于一个地区的几个人或几十个人或一个女性或多个女性，这是他们根据发掘出的人类早期化石的早晚年代而定论的。辩证唯物主义世界统一于物质认为，无限多样的世界统一于物质。分子生物学的研究进一步揭示了物质产生的基础。生命是以蛋白质和核酸为主要成分的高分子体系，而这些高分子都是由存在于无机界的普通化学元素组成。这些事实说明，有机界和无机界在物质组成方面是统一的。从生物界内部看，虽然有100多万种生物，但生命的主要物质基础是统一的，即蛋白质和核酸等大分子，这一点十分重要。科学实验证明核酸（DNA）是生物遗传的物质基础，它有四种主要的核苷酸组成。从简单的病毒到人，核酸的遗传密码都是通用的。

对立统一规律中说："形而上学最根本的特点就是否认事物的内部矛盾。形而上学的基本信条就是排除矛盾。""形而上学的第一个特征就是孤

① 《马克思恩格斯选集》第三卷，第563页中。

立地看问题。”因此，人类遗传学家用一个地域最早的古猿化石定论人类起源，而否定其他地域的古猿特征存在，就是否认事物的内部矛盾，就是排除人种之间的内部矛盾。将所有不同古猿用“视为”的观点不就是典型的唯心主义代表吗？就是认定多样性的人类是由一个单独的地区或人种演化而来，否定人种的多样性存在，这是脱离了历史条件和周围的具体环境来考察事物而造成的必然结果。只见部分不见全体，只见树木不见森林，只见孤立片面不见总的联系和发展进化。

在形而上学看来，事物内部是绝对的同一，不能包含互相对立的成分。因此，遗传学家们只认同人种骨骼形状和基因的共同，否认它的特征和特征紧密相连的内部特殊性的存在，把人类的共性看成是同一的共性，严重地抛开了人种的特殊性存在，用共性来追根寻祖。殊不知宇宙之大、天地之神妙、造就万物自然变化之神奇；殊不知共同事物中的不同和不同事物中的共同；殊不知事物是普遍性和特殊性的无限统一存在。正是这个形而上学的思想，将整个人类的内部通过普遍共有的基因认为是同一的，或将人类形状共同的骨骼化石用“视为”的观点才造就了他们脱离现实以孤立、片面、静止的观点对待事物，否定内因是事物发展变化的根本。我们知道内因是事物产生差别的第一位原因，是一事物区别于他事物的内在本质，它不仅是事物自身运动的动力和源泉，而且规定着事物发展的方向和趋势。辩证唯物主义的这一认识十分重要。所以，不同的人种都有他产生的根本内因存在，这是原因产生结果的必然规律。内因是事物产生和发展的主要矛盾，在外因的作用下才能产生结果，产生不同的人种，人种现象是完全把内因反映出来的一种实际现象，充分反映了人与当地水土和气候的密切关系。黑格尔曾说：“造成困难的永远是思维，因为思维把一个对象在实际里紧密联系着的诸环节彼此区分开来。”“我们所要求的是要看出异中之同和同中之异。”①

嵇康《养生论》说：“人生活在晋地牙齿就会变黄，虱子生在头上颜色就是黑的。”② 相对于中国人来说虱子生在头上就是黑的（欧洲金发人的虱子必定是黄的），生在脚上的就是白的，笔者于1990年亲身作过试验生在身上又与这二者不同。头上的虱子和身上的虱子同样生活在一个人的母体上，人虱一体，虽然有黑白之分，它们的基因和骨架当然是几乎为一的。因为，它们都生于人这个母体上，只要产生虱子的条件具备了，就能在一个母体——“人”的上下部位产生不同颜色的虱子，说明了人体是一个小天地的全息道理。你能说黑虱、白虱谁是谁的祖先吗？黑虱白虱都产生于人这个共同的母体。因此，它们的基因必然共同。

剑桥大学的三位研究人员对现代人类研究分析发现，人类基因的多样性不明显，没有出现大量基因中断，这不是反而证明了地球人类的基因共同吗？所以，用一个人体虱子的基因和骨架追寻头虱和脚虱谁是谁的祖先显然于理不足。人与天地的所有人种同样是一个全息的道理，地球上的人种都生活在地球母亲的身上，人和地球为一体，人类的基因和骨架怎么能不同呢？因此，怎么能用人类共同的基因和骨架追寻谁是谁的祖先呢？科学发展到今天已经完全证明了人类和万物的基因没有多大的区别，进一步说明了人体上下部位不同虱子的基因和骨架的共同。地球是人类和万物的母亲，万物依附于大地母亲而生，所有物质养分来自于地球。因此，各人种的基因必然共同。站在地球以外的空间看地球，地球与人类和万物为一个整体，地球母亲带着被她养育的万物，在浩瀚的宇宙中以每秒30公里的速度忙碌地跟随太阳绕太阳运转。相对于太阳附近的恒星来说，太阳以每

---

① 《黑格尔·哲学演讲录》第一卷。商务印书馆。

② 《养生论》嵇康，字叔夜，三国时人。

秒20公里的速度率领它的家族向武仙座方向快速奔驰，地球母亲与万物子孙为一个整体，就像人虱一体，它们的基因怎么能不一样呢？

谁是谁的祖先呢？只有地球是地球上的万物之母。因此，怎么能以每个人种共有的而又出自一个地区的化石或共同的基因为标准，来定论所有人种和全人类起源于某一地区呢？人类化石和共同的基因骨架是贯穿于一切人种的始终，是所有人种都具备的基本因素。很多人没有认识到这个问题，将黑白混为一谈。人类共同平等地生存在各自的家园，共处于地球这个美丽的世界，他们的骨骼遗骸和基因怎么能不相象呢？因此，认同普遍性而抛弃特殊性来考察人种的起源早已被辩证唯物主义的理论所扬弃和否定。

不仅人类不能这样追根寻祖，动植物也不能这样追根寻祖。如果这样用最古老的化石和物种的共同基因追溯人类和物种起源的话，那么世界上的一切物种的每个品种都可以追根溯源到一个具体的区域，一个具体的事物、一个人、一棵树木、一根草、一头牛、一条鱼、一只鸟或羊的身上，就会闹出笑话，科学不就成为多余的了吗？1987年美国科学家华莱士和威尔逊通过检测细胞线粒体内的遗传物质——脱氧核糖核酸声明："现代人可以追溯其祖先到15万年的一个非洲女性。"不正是得出了如此荒谬的结论吗？荒谬的结论反而说明了全人类基因共同的奥秘所在。

正因为如此，最近埃及考古学家在对古埃及的遗骸进行分析时，不采用DNA技术，原因是这种技术不是很精确（2009年埃及电视考古报道）。现今埃及考古学家不用基因追根寻祖的做法是正确的，并说这种方法不是很精确。这是从实践中获得的宝贵经验，这难道不值得我们学习吗？随着人类的科技发展和进步，终有一天人们都会懂得看清这个道理。宇宙同样是一个完整的整体。我们的地球身处太阳系；太阳系又身处银河系和旋涡星系之中；旋涡星系又身处于宇宙之中，以宇宙为母体。因而宇宙之中万物的基因也没有大的不同，更何况地球上的生物。人与万物和宇宙都有着一个共同的祖先，这个共同的祖先就是构成天地的起始物质——“气”物质（后文详述）。

在我们这个宇宙世界中所有物质都用同一本密码表翻译它们的遗传信息，生物的遗传信息都储藏在DNA分子中。DNA就是事物的普遍性，是人种所共有的那一部分。美国科学家华莱士和威尔逊说：“现代人可以追溯其祖先到15万年的一个非洲女性。”继美国科学家之后，西方研究基因的科学家说：“人类的DNA以女性为遗传，DNA越相近说明血液越相近。”她用这种观点来追溯人类的起源，由于在非洲发现的古猿化石最早，她以此竟然追溯到一个非洲女性身上。这些极个别的科学家在实践中丢弃了特殊性，用DNA这个普遍性存在于一切人种之中的共性特点去追根溯源。至今她仍然坚持自己的理论，无意识地误导着群众，而许多人都接受她的观点。现今大多人类学家都在称赞应用这种方法来追溯人类的起源。

辩证唯物主义认为：“事物的现象是从本质上反映出来的，现象是本质的现象。”美国科学家华莱士和威尔逊以及欧洲古人类学家说：“人类源自一个非洲女性或几十个非洲女性，现在人类的肤色虽然不一样，但在肤色下面都是一样的。”我们不禁要问？肤色下面人的肉眼和放大镜可以辨别它的本质吗？肤色上面是根据内部本质的不同原因而产生的结果。那么，我们不禁还要问？这些肤色上面的大不一样又作何解释呢？很多明显而不同的特征和体质差别又作何解释呢？如果人类源自一个或几十个非洲女性，那么，这一个非洲女性或几个非洲女性又是从何而来？这一个非洲妇女难道没有父母吗？与她生育的男人难道也没有父母吗？因此，这就否认了人类的始祖是这一个非洲妇女的“科学”论断。这样，用基因和某一遗骸定论人类始祖源自这一个非洲妇女的“科学”也就成了的谬论，用基因和某一“最早”骨骼化石来寻找人类的始祖是非常错误的。

在百度网，百度百科中的人类起源中的“人类祖先是共同的”一文中说不同的肤色是受阳光的影响。居住在非洲阳光强烈，肤色变黑；居住在欧洲阳光较弱，肤色就白；居住在亚洲阳光居中肤色就黄。这种解释牵强附会，脱离内因与外因，只认同外部条件而否认内因存在，只认同肤色而否认人种的外部特征和本质存在，明显否认金发蓝眼与其他人种的多种不同本质的特征，睁着眼睛否认客观事物的存在，忽略现象与本质的区别，忽略和排除人种的现实矛盾存在。那么，生活在极其寒冷的北极圈内的爱斯基摩人的黄皮肤呢？生活在赤道地区阳光强烈照射的其他诸多国家的人难道都是黑色吗？这难道不是地地道道地违背辩证唯物主义的典型代表吗？在这一文中还把人类的起源与世界十大神话传说和宗教相联系，这难道不是迂腐荒诞吗？科学是绝对不允许粗心大意的。这些个别科学家的言论讯速在各媒介中广泛被宣传，他们的理论在电视、广播等媒介中严重地误导着群众。马克思说：“事物的现象和事物的本质直接合而为一，一切科学就成为多余的。所以，从本质上认识客观事物始终是科学的根本任务。”近代一些人种学家抛开人种的特殊性存在直接把所有人种的现象与本质合而为一，否认其他人种的现实存在。那么，人种的研究不就是多余的了吗？《世界通史》中一些人类学家用人类化石的早晚年代来定论人类的起源，或者以 180 万年的智人头骨或者以更久远的个别地区的人类化石或者用基因这个普遍性来推测非洲智人“取代”其他人种。这种诊断抛弃了事物的特殊性得出了“非洲起源说”的单纯结论。这些非常牵强附会的说法，是不足为信的。由于辩证唯物主义一般和个别的辩证关系，所以一个非洲智人头骨或一种个别性的事物怎能代表所有人种和事物的特殊性呢？特殊性是由不同的自然地域和气候条件规律构成的稳定内在因素，怎么能随便抛弃特殊性以包含一切的普遍性来“视为”呢？然而，诸如此类的结论比比皆是。2002 年 5 月 4 日新闻联播说：“中国植物学家认为世界上的花类起源于中国云南某一花类草本植物。”这同样犯了与人类学家相同的错误，虽然很多花类的种子随风飘洒于四方，遍部于世界，但一些我国不存在的花类又作何解释，这些科学家这样追根溯源是迂腐荒诞的。

普遍性和特殊性既对立又统一，互相联系又不能分割，任何一个事物都是普遍性和特殊性的无限统一。这些人种科学家否定了事物内部的特殊性造成的多样性，同时也是对世界物质多样性的否定，这确实是对客观存在的真实否定，将黑白混为一谈。

人类在漫长的岁月中，实践早已雄辩地证明了血缘近亲是可以导致人和物种的严重退化、先天性畸形或者其他严重疾病，甚至导致种族劣化和灭绝。在现实社会中已有大量的实践证明，并给我们带来了惨重的教训。近代人们阻止近亲结婚，这已为当今世界的很多普通人所共知；甚至，这已经是中学生所掌握的知识了，在人种学上根本不值得一提。实践也早已证明即便是一个村落之间的通婚也会严重地退化下去。不仅人类是这样，动物和植物也是这样。例如：中国树种杉霸公的退化就是这样。因此，这些基因科学家的观点不攻自破。一个非洲女性或者几十个非洲女性怎么能变异出如此差别众多的人种和全人类呢？把自然界产生人类和万物的伟大力量看得非常渺小，看在了一个点上或一个人的身上，否认了自然界的整体生发理论，这无论是在科学上还是在医学上，还是在实践中，还是从哲学上都是说不通的，这违反了人类与动物的种群进化原理和自然界的物种发展规律。人种的多样性实际上是自然界的奥妙所在，了解了自然规律就能明白人种，了解了人种也就能了解自然规律和宇宙事物。通过了解才能知道自然规律及其事物是最有趣的一门学科。当代个别的人类学家为自然界事物的普遍性所迷，他们用个别包括了一般和全人类来认识自然界，这是迂腐荒诞的认识论。基因科学的研究从哲学上来说本身是说明这个世界的普遍性（共性、一般）和特殊性（个性、个别）关系的一门科学，是让人们更加完整地认识人类与万物的本质和本原问题来提高人类的觉悟，从而达到人类与万物的和谐发展。科学本身是为人类造福的，让人们更好地去保护自然界和爱护人类世界的。可是一些学者恰恰做出了相反的途径，给人类造成了错误的认识观点，以至于造成各种严重后果，甚至带来不可想象和难以挽回的局面。美 P. 克劳德著《天地人》中说："科学不是魔术，它需要少量的灵感、大量的实践以及刨根问底的顽强精神。"

2. 人类的现象和人种的本质

人种现象是人们感官所感知的事物表面特征和内部联系，人种内在的本质必须通过多种外部特征和现象表现出来。也就是说："人种的外部特征和颜色是人种的内在本质在外部的不同表现。"每个人种都有着它必要的内部要素和联系，这是由内部特殊性构成的，这种特殊矛盾就构成一事物区别于他事物的现象特征。马克思说："现象是本质的现象，是本质的外部表现；本质是现象的本质，是现象的内部联系。""本质是事物的根本，是构成事物的诸多必要要素的内部联系，是由事物的内部矛盾构成的。"本质是事物内在的比较深刻稳定的东西，它是事物本质规定性的部分，不能为人们的感官所感知，必须靠抽象思维才能把握。唯物辩证法还认为："事物的本质在其根本矛盾未解决之前是稳定不变的。"因此，人种的本质不会无故改变，只要人种没有被混血，那么原来纯种人种的本质是不会发生改变的，它的外部特征和色彩也就相对稳定不变。白色人种在欧洲是普遍性的存在，但对全人类来说它又是特殊性的存在。人种与人种之间存在着差别和统一，差别是内因的不同，从而反映于人体的外部特征；统一是基因和骨架的共同。人种的现象与人种的本质是相互联系、相互依存、相互统一的。现象是反映人种本质的现象，是反映人种内在要素的不同，而本质是现象的本质，世界上没有离开现象的本质也没有离开本质的现象。任何一个人种表现出来的现象都是从它不同的特殊性表现出来它的不同现象，用以反映着它的不同本质，同时也在反映着人与地域和气候规律的密切关系。任何一个人种的本质都要通过一定的现象表现出来，所以，人种与人种之间内在的特殊性是不同的。因此，普遍性和特殊性反映着人类和人种的区别，不同人种构成了多样性的全人类，说明了具体性能够构成完整性。同时，所有人种现象也反映着宇宙信息和世界各地的具体性构成的完美性和完整性的统一存在。正因为如此，世界才无限多样。怎么能睁着眼睛将所有人种一概而论？一概“视为”呢？科就是分类的学科，诸多的分类可以归纳升华到哲学的范畴。

3. 人类的普遍性与人种的特殊性

在我们的地球上人类是普遍性的存在，人种又是特殊性的存在，这些现实充分告诉了人类，人类与事物的发展都是遵循着普遍性与特殊性的自然规律而存在和发展的。所以，认识人种和全人类就要把普遍性和特殊性相结合，才能正确地认识全人类和人种世界。**辩证唯物主义认为：“认识矛盾的特殊性是认识事物的基础，事物的特殊本质是由它的内部特殊矛盾决定的（主要矛盾），认识矛盾的特殊性是解决矛盾的前提，不同质的矛盾必须用不同质的方法解决。”**① 也就是说充分认识矛盾的特殊性是进行科学分类的依据。所以，由辩证唯物主义可知，**认识人种的特殊性才是认识人种和全人类的基础。**

矛盾的普遍性和特殊性是一般与个别、共性与个性的关系，它们之间是既对立又统一的。因此，我们认识人类首先要认识人种，我们地球上的这些人种构成了整个色彩完整的地球人类，人种很有规律地分布在地球的不同地区，反映着宇宙信息的完整统一，从而使我们看到宇宙完整信息创造事物的奥妙和无限的神奇美丽。地球人种之所以很有规律地分布存在，

① 《马克思主义哲学原理》天津人民出版社，以下皆同。

就是因为人并没有特殊于其他物质之外而单独存在，人类与世界上的一切物质一样，都是自然界及其规律的自然产物，都同样遵循着自然界的自然规律客观的分布和存在着，世界上的事物之所以千差万别就是因为其内部有着不同的特殊性，造就了事物无限的多样性。人是万物之灵，最能反映普遍性与特殊性的辩证关系。人类这个普遍性无处不在，人种这个特殊性无时不有。各个人种的特殊性构成了既完美又完整的人类社会，反映了宇宙信息在自然界中淋漓尽致无所不能的自然生发理论和事物的无限统一存在。因此，孔子《家语》中说："观其人，皆知其天地之理。"①

特殊性的存在肯定了事物范围的极其广大，正是这个特殊性使我们的世界无限多样。如果只认可共同的骨骼基因而否认各个人种的特殊性存在不仅是否认事物的多样性存在，而且是对自然规律和气候环境特征以及其他学科的否定。因为，人种本身就是诸多学科的关联者，是综合学科的产物。由于普遍性与特殊性的统一，我们在观察和研究人种问题时，必须把人类这个普遍性与人种这个特殊性结合起来，既不能离开特殊性（人种）去找普遍性（人类），也不能离开普遍性去找特殊性。这二者的内容互相依存、互为条件、不可分割。因此，全人类包含一切人种，一个人种不能概括全人类，这是个别不能包括一般。所以，用一个地区发现的人种化石去证明全人类的起源地必然太荒谬。只有各个大陆的具体才能反馈全球的综合完整，只有结合所有人种的特殊性去研究全人类的起源才能与全人类起源史的实际情况相符合。具体问题具体分析，始终是马克思主义哲学科学解决问题和分析问题的活的灵魂。

4. 温度和地理不能改变已形成的人种

《自然密码·突变》以及欧洲人种研究者说："全人类起源于非洲，非

① 孔子《家语》孔子门人所撰，其书早佚。

洲人从非洲进入欧洲，经过一段时期又进入中亚，又经过一段时期进入亚洲，最后又进入美洲。”

我们知道，种瓜得瓜，种豆得豆。瓜和豆的性质之所以不同，这是取决于它们的内部矛盾。事物的内部矛盾是事物发展的根本原因，起决定作用的还在于内部矛盾的不同，外因必须通过内因才能起作用，而决不可能撇开内因而单独起作用。内因是根据，外因是条件。根据内因和外因、原因和结果我们可知，在我们的客观世界，黑的不能变成白的，白的不能变成黑的。黑人或黑色的东西来到亚洲或欧洲，年代再久也不可能变成黄人或白人，黑白混血结合是内因发生了变化，也就是说它的本质发生了变化才造成了黑白不分，这样尚且不能变成纯白或纯黄，更何况仅凭温度黑人来到亚洲或欧洲就能变成黄人或白人吗？亚欧人种去往非洲年代再久也不可能变成黑人。如果这样变的话，那么这个世界就会变得不可想象，变化的恐怕就不仅仅只是人类这一种事物了。

人种如果是起源于一个地区，那么，这么多的人种为什么在起源的蒙昧时期没有混血混色，颜色和特征为什么如此清楚地遵循着地球的动植物规律和气候特征规律的分布而分布存在。如果人能变化成内因和体质特征完全不同的其他人种，那么，人到了月球或其他星球上人种又会变化成难以想象的异种吗？地外生命到了我们的地球，难道也能变化成地球人吗？显然不是。辩证唯物主义认为“内因具有稳定性”并对事物起着决定性的作用。因此，人种的外部特征和颜色是由稳定的内因来决定的，并以此为遗传和不断地完善进化，只要不被混血，他的内因就不会改变，外部特征也不会变化。那些仅凭温度和一个地区起源之说的学者应该具备一点中学哲学的基本常识，不应排除各人种之间的内部矛盾，否认现象和本质的辩证关系；不应用孤立、片面和静止的观点看待人种。这是唯心主义、是形而上学的观点，是不可取的，是绝对没有为人类担负起这个重大的责任。

辩证唯物主义指出："在客观世界中，绝对相同的东西是没有的，事物与事物之间总是存在着差别和对立，每一个事物自身也不是绝对同一，而是存在着内部的差别和对立。""即便在一定条件下相互转化也是客观存在的，转化本身仍具有统一性，但决不能归结为同一性。"

综上所述，以上古人类学家，根据人类化石的早晚年代来定论人种的起源是自然脱离了实际情况，人类化石在世界各地都有先后陆续的发现，明摆在人们面前的是各大洲的化石，却非要"视为"这些人类远古化石的起源是来自一处。对立统一规律中对形而上学的基本信条就是排除矛盾，说得是多么的尖锐！尤其是对那些将严谨的人种科学用"视为"的观点对待人种的学者来讲是最合适不过的。

"视为"就是把自已的主观意识强加于客观事物，就是排除了人种内部的特殊性存在而把个别人种看作是全人类的观点。我们知道人类遗留的骨骼化石遗骸是每个人种共有的普遍性事物，是每个人种都具备的。而这个普遍性是贯穿于一切人种化石的始终，只要有人类存在就有人类的骨骼化石遗骸存在，只有结合人种的特殊性才能认识人类人种化石的问题和人类起源的本质问题，这样才能为人类担负起责任，如果混为一谈就会发生永无休止的争议。因此，人类学家用"视为"就是丢弃了特殊性只认可普遍性而谈普遍性，就造成了"视为"的结论，也就导致了以年代为界限的所有人种是一个人种一个起源地的错误结果。

科学是极其严谨的，用粗略的思维逻辑就会造成危害。因此，这样抛弃化石和现实的特殊性就产生了众多的争议。这样的"视为"可用在经济、法律等方面，如果用在严谨的人种科学上就是不负责任，无论是多少人种你都可以"视为"一个人种，这样就把所有人种的现象和本质直接合而为一，不就使人类起源的科学成为多余的学科了吗？这样研究人类就失去了真正的意义而出现错误。实际上由于内因和外因、现象和本质、原因和结果的不同，不可以视为他们起源于一个人种一个地区，因为这是哲学的根本问题。如果各地以发掘出土的最早化石年代的时间来下定论，这样做的话，随着不断的新发现就可以产生新的人类起源争议，争辩永远也不会终止。因为，没有一个从根本上认识和解决它的理论是永远也得不到正确的答案，以至于最终给地球人种的多样性造成危害。难怪在学术界会发生各种人类起源无限争议的学说。

我们相信，人类在以后一定会有人种化石大发现。将发现早的非洲古猿“视为”全人类的祖先是对全人类的不负责和极不科学的工作态度，并且是严重脱离了现实存在和辩证分析研究的做法，这样的学说怎么能启发人们认识事物和世界观呢？

五 人与宇宙万物都属于一个共同的祖先

1. 辩证唯物主义“一元论”认为世界的本原只有一个

《马克思主义原理·世界统一于物质》中说“一元论”认为：“世界的本原只有一个，其他一切物质都是从这个本原派生出来的，认为世界统一于物质，是多样性的统一。”2001 年由联合国宣布的中、美、俄研究的基因成果再一次科学地证明了中国古代哲学和马克思哲学的正确论证，充分地说明了人与万物的共同始祖只有一个，即物质的统一性。人与动物是如此的几乎为一，更何况人种与人种之间的基因共同，再次证明了“一元论”伟大哲理的正确性。不仅我们的地球和它的生物如此，宇宙中一切生命和事物都统一于物质性，地球上的一切物质与宇宙之中的一切物质都统一于“一元论”的伟大真理。因此，在共同的宇宙母体中地球人及其生物和其他星球的人及其生物的基因必定基本同近。所以，不能因为最接近就说谁是谁的祖先。《马克思主义哲学原理》中列举了如：以核酸为主的高分子体系，而这些高分子体系都是由存在于无机界的普通化学元素组成，假如改变核酸分子结构，改变核苷酸碱基的不同排列，改变生物的遗传密码，就能创造出新的生物类型。[1] 化学实验等充分证明了世界上的一切物质形态，从宏观物体到微观粒子，从无机界到有机界，从自然界到人类社会，尽管这些物质的具体形态，结构和属性形形色色，千差万别，但是都有统一的共性——物质性。也就是说，“一元论”中物质是多样性的统一即共性与个性的统一。

《马克思主义哲学原理·世界统一于物质》中说：“1828 年德国化学家 F. 韦勒（Friedrich. wohler）直接从无机物中获得了有机物，即从纯无机物——氰酸铵加热而得到尿素（有机物）。”打破了生命与非生命之间的界限，有力地说明了宇宙万物无论是生命物质还是非生命物质之间都存在着相同的物质信息，这个相同的物质信息是对“一元论”最有力的证明。世界统一于物质，一切物质都是从“一元论”这个本原中派生出来的。因此，辩证唯物主义认为：“矛盾的普遍性贯穿于一切事物之中。”矿物质同样被酝酿在世界各地和宇宙之中，这只能说明“一元论”即共性物质无处不在，过去的哲学和当代科学已证明了动物、植物、矿物之间都没有严格的界限，同样矿物质也不是起源于一个具体的地区。

在“一元论”的作用下一切物质它们都是在平等的共性物质基础上产生出来，酝酿于世界各地，宇宙中的矿物质也是这样无处不在的被自然生发出来，这样就反映出了不同地区的水土、性味、质量等内在要素的不同而充分显示它的特殊地域性。（美·阿西莫夫《生命和能》）通过对植物、动物和 500 多种食肉植物的研究说明：“无机物和有机物、植物和动物之间都没有严格的界限，彼此之间是统一的、互通的。”[2] 美国科学家克里夫·巴克斯通过对植物的大量研究，证明了物质相通应的基础，“生物之

① 马克思主义原理．天津：天津人民出版社，1984. 5.

② 扬力．周易与中医学［M］．北京：北京科技出版社，1999. 3.

间（包括植物之间）存在着相感应的现象，生物与非生物之间也必然存在着感应的基础，非生物和生物也有共同的物质基础部分，故二者之间不可能绝对隔绝。

世界基因成果不就说明了这一问题吗？因此，万物之间的共性是如此的相近，怎么能用共性来追溯谁是谁的祖先呢？共性只能说明万物起源于一个始祖的问题，而不能完全说明物质之间和人种之间的个性问题。所以，人类学家用人类共同的基因来追溯人类始祖的诞生地显然于理不足。无论何地，只要发现最早的人类化石，就可以用基因追溯到此地，得出最早化石发现地是人类的起源地。这样永远也得不到真确的答案，只能走向歧途，最终带来不良后果，给人类造成损失。

正因为如此，现今埃及考古学家不用基因追根寻祖的做法是正确的，并说这种方法不是很精确。因此，特殊性才是研究事物的根本，只有结合普遍性才能认识事物的完整性和具体性。我们看到人类中不同特征的人种就是事物的特殊性，所有人种都具有人的形体和基因这就是它的共性普遍性，把所有人种的特殊性归纳起来，才能认识宇宙信息和全人类的完整性与完美性。

《马克思主义哲学原理·矛盾的普遍性和特殊性》中说："普遍性、一般、共性只能存在于特殊、个别、个性之中，并通过特殊、个别、个性表现出来。"所以共性是每个事物都具有的，不能用骨骼遗骸和基因来概括所有个性。它们之间是既对立又统一的，不是分别独立而存在，而是相互联系、相互依存、相互渗透、相互区别不能等同的辩证关系，所以，"一元论"中的这一个本原（共性物质）是贯穿于一切事物的始终。

《马克思主义哲学原理·矛盾的普遍性和特殊性》认为："世界上的事物之所以千差千差万别，都是因为其内部包含着各不相同的特殊性。"由于人与宇宙万物都有一个共同的始祖。如：有机界与无机界的统一，人与鼠的基因相同到几乎为一的地步等等。这一切说明了人与万物的共同和不同。因此，人种与人种的基因就必然更加共同，所以，区分现象和本质始终是科学的根本任务。

2. 中国古代哲学家对自然界与“一元论”的认识

马克思主义哲学科学地论证和肯定了万物来自于一个本原和发展于一个本原的科学论断。而古代中国哲学对万物来自于一个本原有着大量的记载和论述。《易经》中说：“一生二，二生三，三生万物。”《淮南子》中说：“道曰规，始于一，一而不生，故分而为阴阳，阴阳合和而万物生，故曰：一生二，二生三，三生万物。”[①] 老子《道德经》中说：“道生一，一生二，二生三，三生万物。”[②] 老子《道德经·四十章》说：“万物生于有，有生于无。”是说万物皆生于一个本原，来自和发展于一个本原。《庄子·齐物论》中说：“我与万物并生，万物与我为一。”[③] 这里所说的“一”，是指万物来自于一个本原，指“一元论”。这里并不是给万物划上了等号，而是庄子所说的“一切事物与“一”通，”“一”是一切事物的共性，是物质的统一性，强调认识事物要从彼此双方去认识。这正如黑格尔所说：“我们所要求的是要看出异中之同和同中之异。”[④]

“一”是人与自然界物质组成的共性（普遍性）的一致。佛经中说“众生平等”也是从这个角度上说明这个问题。世界著名的医学家李时珍《本草纲目·人部》说：“是故天地之造化无穷，人物之变化亦无穷。”[⑤] 他以医学的角度认识了宇宙万物的共性，指出了世界万物在根本上组成的

① 刘安．淮南子．以下皆同．
② 老聃．道德经．以下皆同．
③ 庄周．庄子．以下皆同．
④ 《黑格尔·哲学演讲录》．第一卷．
⑤ 李时珍．本草纲目．以下皆同．

共性没有区别，万物的变化都是由于“一气”的作用而变化。以上中国哲学可以说明德国化学家的成果和辩证唯物主义的“一元论”的理论，以及列宁的精辟论述。

当今科技已经很发达了，人类通过研究基因知道了人与鼠的基因接近到如此难以置信的程度，更何况人种与人种之间的基因，因而用人种基因和骨架这个普遍性（共性）去定论人种的始祖起源或事物的始祖问题，就是离开了特殊性去找普遍性，就是在普遍性中谈普遍性，就是等同了世界上各人种的特殊性而谈人类起源，就是对千差万别的多样性进行否定，就是无意识地脱离了实际情况。因此，人种的特殊性是不能等同的。所以，人种是绝对不能用“视为”的观点去研究，必须结合人种的特殊性才能研究，这一点是无条件的。

中国的哲学《易经》《老子》《庄子》等书籍中说明世界和宇宙万物皆来自于一个本原和发展于一个本原的观点。宇宙中的所有物质都有一个共同的始祖。因而，它们的组成没有多大的区别，故在道经中有“万物归一之说”这与马克思主义哲学“一元论”的观点一致。宇宙万物，一切生物的基因相近就是“万物同源”的表现，随着科技的发展已逐步的证实了这个理论。一切物质之间都没有严格的界限，彼此之间是统一的、互通的。“万物同源”的哲学思想能够启发我们很好地认识这个世界。在这里值得一提的是随着科学的进步，中国哲学界对古代哲学思想重新估价的倾向日益增大，这需要我们努力学习和辩证研究。以上中外哲学对万物的起源都有着相同的理论观点，足见中国哲学的悠久和辉煌。

六 “气”为万物始祖的哲学理论

（一）中国古代哲学和医学以及现代科学对“气”生宇宙万物的精辟论述

1. 古代论述

“气”：中华古哲学概念，常指构成天地万物的始其物质。也主要指构成宇宙事物而运行不止的精微物质。

《黄帝内经·生气通天论》中说：“夫自古通天生之本，本于阴阳。天地之间，六合之内，其气九州九窍、五脏、十二节，皆通乎天气。”① 是说自古以来，认为人与自然界是密切结合的，这是生命的根本，更具体地说生命本于阴阳二气。凡是天地之间，四时之内，无论是人的九窍、五脏、十二节，都与自然之气相通。可见，天人合一的哲学观点说明了人与自然界的形成密不可分。

《黄帝内经·天元记大论》中说：“在天为气，在地成形，形气相感而万物化生。”是说阴阳天地之气互相交融既可产生出万物和生命。

① 黄帝内经．后文皆同．

老子说："阴阳精气为人。"是说人是阴气和阳气也就是天地之气最精华的物质构成。①

《素问·宝命全形论》中说："人生于地，命悬于天，天地合气，命之曰人。"是说人虽然生活在地上，但丝毫离不开天，天地之气相合，才产生了人。

《庄子·知北游》中说："人之生、气之聚，聚则为生、散则为死，若生死为徒，吾又何患！古万物一也，是其所笑着为神奇，其所恶者为臭腐，臭腐复化为神奇，神奇复化为臭腐。故曰：通天下一气耳。"是说人的生，乃是气的聚集；气聚便是生，气散便是死，既然生死相随相伴，我又有什么忧虑的！所以万物是一体的，觉得美的便视为神奇，丑的便视为腐臭；腐臭可转化为神奇，神奇可转化为腐臭。所以说"天下万物只不过是一气罢了"。提出万物为一气变化的精辟见解。

李时珍《本草纲目》中说："万物的产生都是由于气的凝聚。"他以哲学和医学的观点提出万物都是一气的变化。早在中国古代老子《道德经》中就已说过："夫天下者，万物之所一也。"是说天下是万物统一于其中的地方。充分说明了万物起源于一（元气）的观点。

《内经·天元纪大论》中说："太虚寥廓，肇基化元，万物资始，五运终天，布气真灵，总统坤元，九星悬朗，七曜周旋，曰阴曰阳，曰柔曰刚，幽显既位，寒暑弛张，生生化化，品物咸章。"是说广阔无垠的宇宙天空，是化生万物的基础，万物依靠它开始成长，五运在那儿找到自己的归宿。它还敖布真灵之气，统摄着作为万物生长之根本的坤元，九星在它

① 语出《五行大义·论诸人》隋代，隋萧吉。老子云："阴阳精气为人。"陈希夷《紫微斗数全书》"老子云：'阴阳精气为人'。"《文子·十守》"精气为人，粗气为虫。"《淮南子·精神训》"烦气为虫，精气为人。"《管子·内业》"人之生，天出其精。地出其形，合此为人。"其他诸多道经均有记载就不一一列举。

那儿悬挂辉耀，七耀在它那儿环绕旋转。因为运动的原因，于是有了阴阳的变化，也有了柔刚的分别：昼夜的明暗已有了固定的规律，四时寒暑也就更替有常了。这样生化不息，万物自然就都会明显地繁荣昌盛了。

王充的《论衡》中说："人禀气而生，含气而长。"《论衡·说天》中说："天者普施气于万物之中。"《论衡·自然》中说："天地合气，万物自生。"①

刘安的《淮南子》曰："虚廓生宇宙，宇宙生气。"汉朝的河上公说："天中复有天，禀气有厚薄，得中和滋液则生圣贤，得污浊乱气则生贪淫。"

《周易》中说："精气为物，游魂为变。"《周易》中提出"天地细缊、万物化醇"的著名论断。细缊指氤氲为阴阳二气交融时产生的气态气化现象，由气化的作用而产生生物。醇，有机化合物一类，指万物的蕴酿生机。氤氲既原始"阴阳合气"是生命化学最原始的物质，原始"阴阳合气"是天地互相作用而产生的。

老子《道德经·四十二章》曰："万物负阴而抱阳，冲气以为和。"汉代河上公注解说："冲气，是天地之气相交所形成的太和之气，是化生万物的根本。"古今中医学家指出《黄帝内经》中的"德"就是指冲气，即"阴阳合气"，由于阴阳合气能生万物，所以称之为"德"，把生命现象称之为"德化"。阴阳合气是产生一切生物的根本，也就是今天所讲的生物圈中的气态。所以中国古代有句"上天有好生之德"的名句。

鹖冠子《奉录》中说："精微者，天地之始也。""故天地成于元气，万物秉于天地，神圣秉于道德。"是说元气的精华是天地形成的开始。精微即元气物质，是最精微的物质，是"天地之始"，也指气中的精灵。所

---

① 王充．论衡．后文皆同．

以元气形成天地，天地负载万物，道德造成了神圣[1]。

王充《论衡·言毒》中说："万物之生，皆禀元气。"是说万物的生长都是禀承了元气[2]。

《庄子·至乐》："察其始而本无生，非徒无生，而本无形，非徒无形也，而本元气。杂乎芒物之间，变而有气，气变而有形，形变而有生，今又变而之死，是相与为春夏秋冬四时行也。"是说推究起来她（庄子的妻子）起初原本是没有生命的，不仅没有生命而且没有形骸，不仅没有形骸而且没有气。她混杂在恍惚之间，变而有气，气变而有形骸，形骸变而有生命，现在又变而为死，这种变化就像四季的运行一样。明确提出，虚无产生一气，无形之气是有形生物的根本。

《文子》说："人者，天地之心，五行之端，是以禀气天地五行之气而生，为万物之主。"[3] 这里的五行之气说出了人的根本。(后文详述)

《道藏尊经历代纲目》中说："盖人者，气禀阴阳之和，体具刚柔之情，心根仁义之端，一身之中三才道备，所以与天地并立也。"[4] 阴阳在这里通常指的是"天地之气"，是自然界两方相互对立，相互作用，相互统一的基本物质状态。

以上中国古代哲学认为宇宙间的一切事物都是"一气"的产物，充分说明了万事万物都始于"元气"的观点。由此可见，中国古人很早就摒弃了上帝造人的唯心主义学说，阐明了地球上的一切动植物是本于天地阴阳二气的状态物质而生，阴阳二气本于"元气"，"元气"本于运动的唯物主义思想。

---

① 《鹖冠子》鹖冠子，战国时人，后文皆同。

② 《论衡·言毒》王充，后文皆同。

③ 《文子》文子，战国时人，后文皆同。

④ 《道藏尊经历代纲目》唐时编纂的道经纲目。

黄老哲学认为：一切有形生于无形，从无到有，从有到无，都是由于气物质在不同条件下不同运动的变现（太虚寥廓……九星悬朗，七曜周旋，曰阴曰阳，曰柔曰刚），充分肯定了气这一无形物质形态是构成一切有形物质的基础，是物质孕育、产生、发展和消亡的根本，气的虚无形态是气的本原特征和化生万物的必要条件。司马迁《史记·老子韩非列传》中说“老子撰写(《道德经》)”分为上下两篇，阐述了宇宙万物所含有的普遍规律和特殊规律共五千字①。由此可见，古人对普遍规律和特殊规律的唯物主义观点的认识和肯定。

管仲《管子·心术》中说：“天道，虚其无形，虚则不出，无形则无所位赶（音古），无所位赶故遍流万物而不变。”② 无所位赶就是无所阻碍的意思。根据中国古代气物质的概念我们不难得知，气化生万物具有无限随机的灵活性，这一灵活性说明了无形的特点，无形这一特点是产生各种有形事物的源泉，这一特点使万物既共同又不同。共同的是万物统一于气物质，不同的是万物的形态特征。这样使物质具有了共性与个性的哲学性质，说明了世界统一于物质是多样性的统一，也说明了万物的基因相进，更何况于人。

《马克思主义原理·世界统一于物质》中说：“世界上的万事万物不是某种物质的特定形态、特定结构、特定属性所组成的，而是不依赖于人们的意识而独立存在的客观实在。”“气是无形的物质存在，无形才能适合各种自然条件，无形才能没有约束而体现出自然的意义，无形才能无法限制，无形才能自然流动不居，才能贯通一切，充实一切，化生一切，而尽欲全形。”气生万物不仅仅只是我们的地球，宇宙间一切物质都是气的产

① 《史记》司马迁，西汉时人，后文皆同。

② 《管子》管仲，姬姓，管氏，名夷吾，谥曰“敬仲”，战国时人，后文皆同。

物，这是宇宙物质的总规律，也是气物质发展的必然规律。无形是气体物质本原的特征和属性，这一特征是它自然化生一切有形之物的基本前提和条件。这就从根本上说明了物种既有差别又有共同的物质性在理论上无法解释的极大缺陷，它没有特定形态、特定结构和特定的属性。因此，中国哲学对气化生万物的理论超越了世界一切物质概念的总合。一切人种和物质的形态都是气物质在自然条件下的不同变现。所以，老子有生于无的观点涵括了一切物质不同形态的本原。由此可见中国哲学的辉煌。

根据以上中国古代哲学的见解："气"这种无形的物质存在形式，可以化生出具体有形的物质，并贯穿于一切物质的始终，是化生一切物质的本原基础。因此，"气"不仅具有无形和化生万物的两个特点，而且具有养育万物、充实万物和通过五行规律自然调节生态平衡的三个功能（后文详述）。《抱扑子》："人在气中，气在人中，自天地至于万物，无不须气以生者。"[①]《内经》中的五行生克胜复原理和《内经·本神》中的"地之在我者，气也"，是说大地滋养我身的叫做气，即是如此。因此，一切物质形态都是气在自然条件下无所位趑而自由生成，所以称之为自然界。"气"是宇宙一切星球和万物的本原，由于气的内部运动形式使元气分化为阴气和阳气，阴阳二气交替融合的作用形成世界万物及其五行规律（详见后文）。

北宋张伯端《悟真篇》说："道自虚无生一气，又从一气产阴阳，阴阳再合成三体，三体重生万物昌。"是说"气"是生命的本原，由虚无产生一气又分为阴阳二气，阴阳二气相合化生为万物的合气三，合气三（德）再生养万物。这是重新阐述《易经》"一生二、二生三、三生万物"的理论关系。我们知道，阴电和阳电相合，可以绽放出光明，照亮世界。

---

① 《抱扑子》葛洪，东晋时人，后文皆同。

雌性和雄性相和就会产生出新的生命。因此，阴阳相合（天地之气）的道理由此可见。其他一切事物都遵循着阴阳相合的自然规律，而阴阳相合是遵循着事物内部的运动规律性才使事物各自的特征和多样性得以延续。阴阳是宇宙事物的总规律。这里说明了一切物质皆来自于阴阳合气，阴阳合气又来自虚无的运动规律——道。把阴阳（天地合气）看成是化生天地万物的原质之气。气不仅具有无形和化生万物的特征而且具有养育万物平衡万物的功能。而无形这一特征体现了“气化”万物的本质具有无限统一的物质共性，是在现实性的基础上把无形与有形具体个性统一起来，说明无形的功能和特征。所以，也就有了共性只能在个别中存在，个别不能脱离共性，一切个别都包含着共性的哲学理论。否则，事物就无法存在的辩证唯物主义思想。

气是万物的始其，气不仅能够生成天地，而且通过天地生成万物；不仅生成万物，而且通过自然规律体现气的生态平衡功能。这一功能深刻地反映了五行规律的相生相克（后文阴阳五行中详述）。《素问·阴阳应象大论》说：“天有精，地有形，天有八纪，地有五里，故能为万物之父母。”《素问·六节藏象论》说：“五日谓之候，三候谓之气，六气谓之时，四时谓之岁。”这里的八纪（立春、立夏、春分、秋分、夏至、冬至）和气、时、岁指地球在围绕太阳运行接受日月照射能量不同形成的二十四个节气。这二十四节气从春分点零度开始到惊蛰再重合春分点为365°有余，每天以1°多的角度变化而接受日月不同的照射，各地形成不同的能量差别。五里是指地面东、西、南、北、中五方各有相异的地形气候和物产特征。节气和五里形成了不同的阴阳交融形式，是不同合气变化的原因与结果。由于世界各地不同方位和天地合气气态作用的运动不同，使物质自身产生不同的永恒运动而适应物种环境，在不同的节气和复杂的地理状况下使万事万物产生了无限差别，同时又具有无限统一的性能。天地是万事万物的父母，旨在强调无形的天地阴阳合气，通过气化存在于其中无形的共性物质，成为万事万物的父母本原。

王充《论衡·自然》中说："天地合气，万物自生。"自生，指出了"气"这一无形化有形的特征，指出了气的无意识化生的性质。即《易》曰："天地细缊，万物化醇"之意。《素问·宝命全形论》说："天地合气，别为九野，分为四时，月有大小，日有长短。万物并主。不可胜量。"九野，指的是天的九方或九洲之地。天地合气与不同的日月时间以及万物并主说明了万事万物的根源都是不同时段天地之气相合相化的产物。人也不例外。《素问·宝命全形论》说："夫人生于地，命悬于天，天地合气，命之曰人。"是说人虽然生活在地上，但也丝毫离不开天，天地之气相合，才产生了人。人是天地结合的产物，有什么样的天地之气就有什么样的运动形式的人种存在。所以，人与天地是父母与子女的关系，也被后世医家称之为"人本天地"的关系。人是天地自然并且合乎其自然规律的产物，这里的合乎规律说明了一切事物所依赖的不同条件和其他奥妙所在。

"气"以无形的客观存在随着不同的运动形式而形成不同的事物存在，成为天地万物和人类父母的归属。"气"，古文作炁；天地所产生的阴阳合气与阳光、风雨、雷电、雪霜等温度有着密切的关系，说明不同地域和纬度（八纪五里）的产生不同的阴阳合气，化生不同的物种，把阴阳合气化生万物的现象称为"气化"现象。"气化"是自然界的自然规律能进一步向有机化学转化，是产生有机生命化学的重要过程之一。"气化"是自然界天地阴阳二气有机结合而产生的运动变化规律，由这一作用产生生命化学，自然界通过"气化"现象而产生有机物质和生命现象。"气化"是随着气候的变化而变化，有不同的气候就有不同的"气化"现象。

阴阳合气这一无形的气态物质总是通过物质现象反映着不同地域的特征，是化生万物和人的物质基础，由自然条件和阴阳合气通过气化存在于其中无形的共性物质，赋予了事物既共同又不同的物质特征。所以，人与万物有着共同的基因基础。马克思说："物质的多样性是从物质自身的永恒运动中产生的。"① 由于物质的多样性是不同地域的气态变化而产生不同的运动形式从而化生不同的物质形态，所以，物质的形态虽然千差万别但都统一于自然条件的气候规律和气物质的本原特征。因此，无论任何物质形态都是统一的气物质的不同变现。气是天地的本原，是一切物质的源泉。《素问·阴阳应象大论》中说："清阳为天，浊阴为地。"这里体现了阴阳两气的功能和作用。阳气清轻，主热主燥。所以，浮散上升形成天空。阴气浊重，主静，主寒，主湿。因而凝聚下降生成大地。中国医学的这一认识，强调了一切物质都是气的不同变现。气是构成宇宙的主体，是生成天地万物的本原。《素问·宝命全形论》："气通过天地合气化生世界万物。"中国古代哲学家对"气"的概念和论述，说明了世界的物质性。中国哲学和医学承认气是天地物质乃至宇宙世界的本质属性，由气物质生成的天地和宇宙是一切物质的源泉。所以，任何世界和物质也必然具有物质的属性，这就从根本上克服了唯心主义思想。因此，中国古代哲学很早就认识到了世界的统一性在于它的物质性。

中国古代哲学家认为："气"是宇宙天地一切事物的本原，是天地万物包括非生物和生物的本原。"气"以"无形"自散的状态和自然聚合的"有形"状态漫布于宇宙天地间，说明了气物质没有拘束的自由运动形式，生命则是通过气化产生的有机物质进化到一定程度的自然现象，是物质生命的高级运动形式存在，而智慧生命则体现了气物质最精华的变现。《老子》一书把"气"纳入其哲学体系"万物负阴而抱阳，冲气以为和"。《庄子·知北游》提出万物为一气变化的精辟见解："人之生，气之聚。聚

---

① 《马克思恩格斯选集》第三卷，第563页。

则为生，散则为死……故曰通天下一气耳。”《荀子·旺制》言：“水火有气而无生，草木有生而无知，禽兽有知而无义。人有气有生有知亦且有义，故最为天下贵也。”① 东汉王充《论衡·自然》中说：“天地合气，万物自生。”强调“气”的无意识性，并具有无所不能的化生功能。指出一切有形的物体均由无形之气变化而成。明确指出人的生命活动是建立在聚合之气的物质基础之上。《素问·六节藏象论》说：“气合而有形，因变以正名。”指出了自然界的“有形”之物（包括一切生物）皆是天地之气聚合而成，由于气的聚合有不同的运动形式，生物呈现出不同的形态，因而被冠于不同的物种名称，此即《内经》所言“生生化化，品物咸章”之意。

大气分为阴阳二气。天气为阳，地气为阴，天气下降，地气升腾，天地之气的交融构成了阴阳合气形成了不同的气态形式（五行规律）。《内经·五运行大论》中说：“大气中包含着风、寒、暑、湿、燥、火六气。”由于物质的多样性是从物质自身的永恒运动中产生的，地理与经纬度的不同，这六气的相对含量变化也不同，它们的相互结合也就不同，构成了不同的自身内部运动形式，也就产生了不同的变化结果。例如：寒与湿相遇，热与燥相守等，它们的变化是没有穷尽的，事物的千差万别也由此构成。

老子言：“阴阳精气为人”与《易经》中所说“天地细缊、万物化醇”同出一理。阴阳二气合化为有机现象的“精气”而产生生命，人则是阴阳精气中最精华的物质体现。“精”，古称生成万物的精灵。它是气生成的有机精微物质，是气转化为各种生命的一个必然过程，阴阳合气的不同运动形式构成不同精气。所以，人为世界之主宰。生命之所以生生不息，

---

①《荀子》荀子，名况，字卿，战国时人，后文皆同。

物种之所以充满活力，世界之所以千差万别，人类之所以无限灵敏，无不因为其体内有着各自不同的“精气”运动。精是天地合气最初生成的有机物质，精的这一内在作用是区分一切物种的根本，为我们探索生命的起源提供了不可代替的重要作用。不同原始的“精”由不同原始条件的内部运动形式而构成，构成了无限物种区别在理论上作为解释物种多样性遗传起着极其重要的作用。

“精”是自然界的阴阳之气在一定条件下结合的有机产物，是不同条件产生不同运动形式的精微物质。《庄子·知北游》中说：“夫昭昭生于冥冥，有伦生于无形，精神生于道，形本生于精，而万物以形相生。故九窍者胎生，八窍者卵生。”是说：那万物明明白白是从远古时代的混混沌沌中产生出来的，有形的东西是从无形中产生的，精神的东西是从大道中产生的。形体是从精微之气产生的，而万物则以各种形态相生相变化。因此，九窍的人和兽是胎生的，八窍的鱼和禽类是卵生的。这里已经明确了“精”的作用，旨在强调各种形态都是不同的精微物质“精”的作用，一切不同的“精”又都是无形之气的产物。人是天地阴阳精气的产物，这种“精气”不仅奠定了人类无限的灵敏性、伟大性，而且说明了宇宙生发理论信息存在于宇宙天地之中，“精”与人类的进化而同步。《吕氏春秋》说“流水不腐，户枢不蠹”。所以，精与人的运动同步，强调形不动则精不流，精不流则气有郁。金代医学家刘完素说：“气转化就生成精，味转化就生成形。”“精”通过饮食五味使形体中的真气得到充养，真气通过人体的有机代谢进一步产生精。因此，地产的东西养形，形不足的用气补；天产的东西养精，精不足的用味补。所以《内经·阴阳应象大论》中说：精是仰赖于真气而产生的，形体是仰赖于五味而形成的。“精”是生命的体现，不仅与人类的运动同步，而且与人类进化发展同步。从远古到现今人类与动植物的进化发展无不与精同步。正是这一流水不腐的同步运动才使得人类物种得以延续进化和发展，说明了精与物种同步运动的绝对性运动发展规律。

天地间的精气可以化生万物，人体间的精气不仅供给人体生命所需要的有机物质，而且随着人类的进化而进化。由此可见，中国古人在很早以前就弃除了生命与鬼神和上帝造人的唯心主义思想。“精”是构成生物个体本身和繁衍后代的基础物质，这些不同的个体基础物质始终反映着各不相同的个体内在本质。“精”是阴阳合气不同形式运动下的产物，也是无形之气自然化生一切物种保持遗传物种多样性的基础。《素问·金匮真言论》说“夫精者，生之本也。”本就是本原基础的意思，表明精是各种有机物种中最原始的根，是物种区别结构形态的基础。这一本原基础构成了世界上无限多样而又宏观存在的物种现象，这些千差万别的物种现象无不是物种各自精气的内在作用。所以，无限多样的物种，都是通过原始物质的精来保持各种物种的本质特征、性能和组织结构以及形态来遗传延续物种奇观，而这一基本规律始终贯穿于宇宙的一切事物之中。阴阳合气在不同的经纬度、时间段和空间产生不同的自然条件，以自然而然的运动形式适应不同的自然环境，产生不同的物种差别。所以，一切差别都统一于无形的气物质。

《灵枢·决气》说：“两神相搏，合而成形，常先身生，是谓精。”是说阴阳神气互相搏击，融化相合而成形体，总是出现在新的生命之前的东西就叫做精。指出一切物质都是通过阴阳二气的交合而产生的，而动植物的生殖、繁衍后代的功能也都是通过阴阳交合的规律来完成的，以反映和继承自然界原始阴阳二气交合的自然遗传规律，通过这种规律来保持物种的多样性来完成动植物延续生命的这一伟大奇迹，而这一基本功能就是通过“精”来完成的。阴阳相交是自然规律，如果违背自然界的规律，万物和人不按照天地阴阳相交的方式就无法延续物种和生命奇观，也无法使人的生命健康下去。可见阴阳不仅化生万物而且阴阳互根才能繁衍养育万物，使万物茁壮健康，不仅说明了人是自然界及其规律的产物，而且说明了人与自然的特征规律相同（天人合一的道理）。

根据《易经》“一生二，二生三，三生万物”和《道德经》“道生一，一生二，二生三，三生万物”可知，宇宙中一切事物都是阴阳或正负对立的两个方面，从虚无产生的原始太气，到原始太气的内部运动产生阴阳二气，阴阳二气互相搏击产生能量产生大爆炸，又到大爆炸分化出星云、星系产生天地，再到天地阴阳二气相交化生出生命，无不是气的内部运动和阴阳二气相互交融的作用，而生命又通过阴阳交合来继承自然规律的物种延续，从生物圈到各种动植物都在遵循着阴阳交合这个规律，即便是单性植物的内部也在进行着阴阳交合的气机运动，就像继承混沌之气的化生，这一切充分说明了人与万物无不遵循自然规律的规律而生生不息。

“精气”是具有生命活动的精微物质，生命起源于阴阳二气相合相化而产生的“精”微物质。所以，任何小的生命体和庞大的生命个体物种都始于微生物，任何生命个体的诞生，生命活动的维持及其生物种族的诞生都离不开“精”的作用。《列子·天瑞》：“人久入于机，万物皆出于机，皆入于机。”① 是说人死之后变成细小的物体质素。起初的世界万物就由这种细小的物体质素产生，久而久之又返回这种细小的质素。

《灵枢·本神》说：“天之在我者，德也，地之在我者，气也。德流气簿而生者也”。是说上天赋予我身的叫做德，大地滋养我身的叫做气，天德流布，地气磅礴而万物化生。在此进一步说明了“德”就是阴阳合气，是化生和滋养万物的根本物质。《素问·阴阳离合论》说：“阳予证，阴为之主。”后世王冰注“阳施正气，万物方生：阴为主持，群形乃立”。说明

① 《列子》列御寇，战国前期人，后文皆同。

了阴阳交合的物质规律。

《内经·五运行大论》中说："天地动静，五行迁复。""夫变化之用，天垂象，地成形，七曜纬虚，五行丽也，地者，所以载生成之形类也。虚者，所以列应天之精气也。形精之动，犹根本与枝叶也，仰观其象，虽远可知也。"是说天地是运动而又静止的，五行是循环流转的。大地上的物类与天空上日月五星的运动，好像根本与枝叶一样的密切。我们抬头观看天象，哪怕是很遥远的天体也是可以了解的。所以只要了解阴阳规律，我们就可以了解宇宙事物。因为，阴阳是宇宙事物的总规律，是揭开物质和生命起源现象的根本。

恩格斯说："相互作用构成了运动。"阴阳运动体现了气物质本身具有永恒运动的根本属性，它所产生天地阴阳之气的相互作用自然构成了物质世界的永恒运动规律。"天地细缊、万物化醇"的自然气态感召交融状态是产生万物的根本，由这一根本构成了同类事物的感召交融规律。天地通过节气方位和阳动而给予阳光、空气、雷电、风雪、雨霜产生适应自然界不同的内部自身运动形式，地通过阴静来完善动植物的本质特征和性能。《内经》中说："阳化气，阴成形。"这就是说，阳化气，主要体现为太阳粒子或能量与地气结合的气态物质运动，是生命活动的动力和能量；阴成形，主要体现为阴阳合气通过静止而产生的凝聚形式，表现为生物的不同形体结构和营养物质。气的运动变化与自然条件相应同步。地域条件不同，运动形式有别。"气"在不断的运动变化之中变化产生不同的物质物种。

《素问·五常政大论》说："气始而化，气散而有形，气布而蕃育，气终而象变，其致一也。"指出了各个不同状态的运动变化形式，说明了气本身的运动充满着活泼生机，说明了气从始到终贯通于一切事物始终的不同运动形式。天地之间，无论是有生命体的生育繁殖，还是无生命的形气聚散，无一不是根源于“气”的运动变化。“气”运动的绝对真理，所以，天地万物都处于永不停息的运动变化过程之中。这种运动变化在于“气”的内部阴阳双方对立统一的矛盾运动。现代科学证明一切化学元素的原子都是由质子、中子和电子构成。每一种基本粒子都有与其相反的反粒子。电子有正负、超子有反超子等等。任何一种基本粒子都有波粒二象性，既是实物粒子，又是场。这些存在都证明任何物质内部的对立统一无时无刻不在相互作用、相互运动之中。所有这些都雄辩地证明地球和无数天体都是统一的，即整个宇宙是物质的对立统一，是离开人们的意识而独立存在的客观实在，根本不存在什么非物质运动的“天上世界”。因此，由气构成的宇宙一切物质都具有对立统一的运动规律。《马克思主义哲学·运动是物质的根本属性》中说：“世界是永恒运动着的物质世界，物质和运动有着不可分割的辩证关系”。世界上不存在没有运动的物质，从微观世界到宏观世界，从无机界到有机界，从生物界到人类社会，宇宙间的一切物质形态都处于永不停息的运动变化之中”。从张伯端的“虚空生一气，一气产阴阳”来看，虚空同样是在运动的，虚无的运动是元气产生的根本。因此，运动是绝对的，是物质的存在形式和固有属性，是一切变化和发展的根本原因。

辩证唯物主义指出：“运动和静止是对立的统一，静止是有条件的、暂时的、相对的。而运动是无条件的、永恒的、绝对的。”没有绝对的运动，也就无所谓相对的静止；没有相对的静止，也就无所谓绝对的运动。动中有静，静中有动。物质运动在不同条件的影响下是产生人种的根本原因。因此，人种的产生与环境条件密不可分，这一内容不可不知。阴阳是事物运动变化的内在动力，是天地万物运动变化的源泉。构成了宇宙、天地、万事万物与人类包括男女内在运动的动力。这正如：辩证唯物主义“绝对运动和相对静止”认为：“物质的多样性是从物质自身的永恒运动中产生的，但它却只能在相对静止中显现出来，任何事物的运动又是通过事物本身的相对静止（稳定性）来实现的，这种静止是有条件的、暂时的、相对的，这些条件形成了事物的差别。事物是随着各种条件和量的不断积累才可能发生质的变化，产生不同的形态；只有承认事物的相对静止和暂时平衡的状态才能认识和区分事物，才能肯定和把握千千万万个事物的具体形态，以及结构和属性。”

刘安《淮南子·泰族训》：“其生物也，莫见其所养物长，其杀物，莫见其所丧而物亡，此谓神明。”是说它能产生万物，又看不到是怎样产生和养育万物的；它能杀伐万物，又看不到它是怎样杀伐万物的，这就叫做神明。所以事物在没有产生时是由静态发展而来，在形成宏观物质上表现为气运动的原因与结果，但相对于运动来说又存在着相对静止。相对静止主要表现为两种情况：一是事物性质的相对稳定，由于事物的运动、变化和发展，一般都是由量变发展到质变，当事物的变化还没有引起质变，这时事物就显示出相对静止状态。例如，有很多疾病最初人体是不知不觉的，在人体感到不舒服或疼痛时才发现已经严重起来，这是由静态的量变逐步发展到质变的动态结果。二是事物位置的相对不变，这一事物对另一事物来说，也表现为相对静止状态。但它所在的整个物质世界与它自己的内部结构和属性仍然处于运动之中。绝对运动和相对静止是事物发展的一个规律，二者的结合构成了辩证唯物主义完整的运动观。这正如《马克思主义哲学·运动是物质的根本属性》中所说：“运动是绝对的，静止是相对的。”“静止是运动的一种特殊表现形式。”阳动阴静是中国古代哲学的内涵之一。如《庄子·天地》“泰初有无，无有无名。一之所起，有一而未形。物得以生，谓之德；未形者有分，且然无间，谓之命；留动而生物，物成生理，谓之形；形体保神，各有仪则，谓之性。”是说宇宙最初是无，没有“有”，也没有名称。从无到有，先产生“一”，但还没有呈现出形状。万物在道的作用（运动规律）下而生成，称之为德；未成形却有阴阳之分，而且浑然一体，称之为命；道在阳动阴静的变化过程中产生万物，万物在生成后条理井然，称之为形；形体中寄寓着精神，而且各有其表现形式，称之为性。所以，不同的精神和性质构成了千差万别的事物。这里的阳动阴静说明了绝对运动和相对静止的辩证关系。

静止是事物产生发展存在不可缺少的必要条件，是我们区分和认识事物的基础。只有静止才能酝酿事物的产生。而宏观世界上生生化化的生命循环体现了运动和静止的统一发展规律。就像鸡孵卵而产生新的生命循环，宇宙中的一切事物都是运动和静止的无限统一体。这正如中国道家的太极图所说“静极生动、动极生静、静中有动、动中有静”。如同阴中有阳、阳中有阴、阴阳互为条件。说明了阳动阴静构成了物质生长变化的统一规律，说明了量变达到极点而产生的质变。同时，指出了宇宙事物的质量互变规律。所以，一切事物是运动与静止的无限统一，是随着各种条件和量的不断积累才可能发生质的变化，产生不同的形态。气运动的根源在于它内在的属性，这一属性推动着一切事物的产生与消亡。所以，“元气”即“一”的内部斗争运动生成阴阳二气（正负）即波粒二象性。因此，只有阴气的积聚，是不能生的；只有阳气的积聚，也是不能生的。宇宙中混沌元气通过内部的斗争运动产生能量积聚产生大爆炸，产生星云、星系。具备生命的行星通过天地阴阳二气交融后形成阴阳合气也既“德”。这样，才能够为化生万物形成条件，而这种条件随着地域的不同而有不同的运动形式。“气”的运动变化和阴阳二气的交感互用，不仅是产生生命的前提而且是贯穿于物质生命的全过程，是生命活动得以维持的基本因素。

《素问·六节藏象论》说：“气合而有形，因变以正名。”这句话很重要，是说天地之气化合而成形体，因为气有不同的聚合形式而产生不同的形态变化来确定万物的名称。与辩证唯物主义物质的多样性是从物质自身的永恒运动中产生的这一根本规律不谋而合，归纳总结了从无形到产生有形差别的多样性与统一性的根本原因，除此之外也说明了无形和有形物质的相互转化和事物的统一归属。中国古代哲学认为，不仅气生成万物，而且万物消亡后终归于气，形与气之间的相互转化过程存在于宇宙天地万物之中。《素问·六微旨大论》说："器散则分之。"《易·系辞》说："形乃谓之器。"无论是生物还是非生物，"气"的运动形式都存在着形与气之间的相互转化。任何形器物质和生命都有产生和灭亡的过程，这是宇宙事物的自然规律。司马迁《史记·屈原贾生列传》中说："万物变化啊，本无休止。运动推移啊，循环往复。有形无形啊，变化交替。深远微妙啊，岂可言尽。宇宙为炉啊，上天为工，阴阳为炭啊，万物为铜。和散消长啊，哪有定律。千变万化啊，未有始终。偶然为人啊，何足珍惜。死为异物啊，有何忧虑。"形器转换存在于天地万物之中，这里说明了气运动的基本形式是从无形到有形，再从有形到无形的过程。但是气本身没有生成也没有毁灭。中国哲学认为一切物质之间相互转化就意味着任何器物都是统一的，可以相互过渡的，从而否认万物之间存在不可逾越的界限，这就说明了气物质统一于世界是无限多样的统一形式，与近代化学实验的成果相吻合。证实了物质都是相互统一、相互联系、相互区别、相互作用、互为条件的辩证关系。

《素问·阴阳离合论》中说："天有精，地有形。"是说天产生精气，地产生形质。实际上人类与万物有着共同的始祖——"元气"。而人类有着共同的母亲——大地，却有着不同的父亲——气候。于是人类有着共同的基因形体，却有着不同的现象来反映和告诉我们人类的始祖问题。气候和地理是不同事物形态变化的源泉。"气"有着不同的时节性、温度性、数量性等，并受不同地域"气化"的影响而产生内部不同的运动形式从而造就不同的形态特征，产生出既相同又不同的结果。在大一统的"气化"

作用下人和万物产生了，同时人种与人种共有着大一统的形体，却有着不同的特征。地理条件和气候特征产生特殊性的存在是造成人种差别不同特征的根本原因，这些都是气根据不同的自然条件和规律而产生不同的内部运动形式化生出不同的结果，进一步说明了“节气和方位”这一不同条件的不同作用。

《素问·天元纪大论》中说：“故在天为气，在地成形。”“气”指气候条件。因此，中医学中有一个很重要的观点，就是把天地和人比喻成父母和子女的关系，并称之为“人本天地”的关系。这是天人合一的理论基石之一，被广泛应用于哲学、医学和养生等领域。因而，人类有着相同的形体却有者不同的现象，来反映不同地理气候和内在本质的差别。故孔子《家语》中说：“观其人，皆知其天地之理。”

人类可以根据不同的现象去寻找自己的生身父母亲，自然界是用无声的语言回答我们的祖先是谁的问题，自然界是如此的伟大神奇。她把普遍性与特殊性、完整性与完美性统一起来告诉我们应该从宏观上树立起世界观和宇宙全息观，这样来观察世界就能清楚地认识到万物的始祖问题，彻底启发人类的思想觉悟。不仅能够根据全息观认识我们人类，而且能够认识无限的宇宙。万物同样是遵循着自然界规律的规律而存在着，只要人们不去违反自然规律它就生生不息地保持原有的特殊性而遗传和进化。

人在特定的“气交”环境中（即生物圈）生存，是天地阴阳两气结合的产物，即“阴阳精气为人”。阴阳精气受地理的影响，有着不同地域的特征。《素问·宝命全形论》中说：“人生有形，不离阴阳，天地合气，别为九野，分为四时。”是说人生而有形体，离不开阴阳；天地之气相合以后才有了世界的一切。从地理上，可以分为九野（九州）；从气候上，可以分为四时（春、夏、秋、冬）。《素问·五运行大论》中说：大气中包含着风、寒、暑、湿、燥、火六气。一年之中，六气分别侵入地面，地面受其影响而化生万物。燥气使它干燥，暑气使它蒸发，风气使它运动，湿气使它润泽，寒气使它坚实，火气使它温和。由于纬度和地理地质的不同也就有着不同的气候和物产的差别，人也是这样受天地父母气化的影响而产生不同气候运动的本质特征。人为万物之灵最能反映地域和气候特征。所以，孔子《家语》说“观其人，皆知其天地之理”。因此，人种的形成与大气和地理有着密切的关系，大气和地理互相影响，互为条件，产生不同的运动形式化生出不同的物种。全球的大气和地理既有差别性又有统一性，所以，人既共同又不同，在大一统中存在着不同，在不同中体现着共同；既密切相关又有内在差别，相同中又有不同，不同中又有相同，形成了既对立又统一的无限差别。因此，全人类也就既共同又不同，反映着自然界普遍性和特殊性相互对立，相互统一的辩证关系。

《灵枢·本神》“天之在我者德也，地之在我者气也，德流气薄而生者也”。“德”，古今哲学家指阴阳合气。如：庄子说：“生是德之辉。”“德”，是一种生命起源的基本物质气态；包括阳光、风、雪霜、雷电、雨露、水土在内的自然气候条件。《庄子·天地》说“未形之分，物得之以生，谓之德也”。这里所说的生不仅仅指的是人，它包括了一切生命都是“德”的显现。由此可见，“德”的光辉。

根据现代生命科学研究的揭示，生命是由组成地球的某些化学元素在阳光、水等条件下产生的。因此，生命本于阴阳，是自然界中由阳光、空气、风、水土、雪霜、雷电、雨露、地理等阴阳之气相感相交而产生的结果，是气物质随着自然界规律的变化而产生的共同和不同结果，不同的生命形式与地域气候条件密不可分。由此可见，中国古代哲学在很久以前就对生命的起源有着强有力的精辟论述，有力地驳斥了上帝造人的谬论。在中国，上帝造人一词，在各家的经典中从来就没有过记述，只存在于民间故事和一些神话传说中而已。这是因为中国人民很早就受到了阴阳五行理论哲学体系的启发。因此，中国人民自古就受到了哲学的正确指导。

《老子·四十二章》说“万物负阴而抱阳，冲气以为和”。一切事物都包含相互对立的两个方面。阴阳不仅是气，而且是一切事物普遍具有的属性。《庄子·田子方》和《素问·阴阳应象大论》等说明了“阴阳是万物的本原，是一切事物的纲纪，是生长与毁灭的根本，阴阳的相互作用不仅产生了万物而且养育万物”。中国古代的道家在长期的实践中，对阴阳理论进行了改造和长期的实践论证，阴阳的理论更加哲学化，意义更加丰富，它不仅是广义上的形态。如天、太阳、能量、阳气，而且也能体现狭义上的一种具体物质。如负电荷、雌性等。从宏观世界到微观世界，阴阳是一切事物的普遍存在，不仅是万物的本原，而且是万物生长、变化和消亡的根本原因，阴阳是宇宙间两种相互对立，相互统一的矛盾运动，这种矛盾运动构成了宇宙中阴阳五行化生万物并相生相克平衡生态的根本规律。

中国医学根据阴阳五行哲学理论，一开始就从气物质这一唯物论出发。因而，它包含着极其丰富的哲学思想，创造了极其辉煌的医学成就，把自然界和人体本身统一起来去研究自然规律与人的医学和哲学问题。因而，它的理论在数千年的实践中焕发出强大的生命力，造就了群星灿烂般的医学家和理论家，为中华民族的昌盛作出了巨大贡献，使中华民族在人类的历史长河中显得如此卓尔不群。

2. 现代科学的证明

（1）科学研究证明“气”为万物之母

1796年法国著名数学家拉粒斯《宇宙体系论》中提出的“太阳系产生于弥漫的气体，逐渐凝聚收缩而成”。现代天文学家认为：“现代观点和16世纪康德星云假说提出宇宙太阳系起源于一团星际凝聚气团——气体星云是一致的。”

近代科学家指出：“哈勃望远镜拍摄的三叶星云的气柱和喷流是孕育星球的场所”。天文学家还发现礁湖星云中的龙卷风也是一个诞生恒星的温床。

近代科学家们指出：“宇宙中的星云、星系、超新星等现象的爆发都是由‘气’而产生的，恒星是由炽热的气体组成的，内部时刻发生着核聚变，核聚变产生的氢聚集在内核，当聚集到一定程度时，温度上升再次发生聚变，释放大量的热量并形成大规模的爆炸”。（见后图 1－10）

由此可知，星云星系都是由“一气”而来，更何况我们的银河系，我们的银河系只不过是沧海一粟，可见宇宙万物和人类，莫不由“气”而生；莫不由“气”而变；莫不由“气”而强；莫不由“气”而弱；莫不由“气”而终。抱扑子说：“人在气中，气在人中。”是说，人不仅依气而生，而且依气而养。由于物质与条件的关系，人种的产生与当地的时间、气质、水土、温度、环境等等综合条件有着密切的关系。《内经·宝命全形论》中说：“人以天地之气生，四时之法成。”是说，人是天地自然的产物，这里的天地是指人的生长环境，并且与自然界的四季和其他自然环境规律息息相关，这些发现都证实“气”是形成一切物质的本原，并有不同的条件和物产，科学进一步印证哲学的无限正确。所以，每个人种都属于他所处的天地父母与子女的辩证关系之中。

（2）量变与质变是构成事物千差万别的根本原因之一

前文中辩证唯物主义：“绝对运动和相对静止”中肯定了物质的多样性是由物质自身的永恒运动中产生的，并充分地说明了物质通过静止和量变的条件来实现物质的形态。每个事物都是禀气而生，它所含的各种元素、元气有多有少，有厚有薄等数量的不同以及随着条件、时间和空间而产生不同的内部运动形成不同的形式和内容，事物的一切形态包含了从量变到质变的数的发展过程。

辩证唯物主义认为，认识事物的质，不能离开它的量，只有认识事物的量，才能更加深刻、更加精确地把握事物的质。例如，元素周期表，第三周期的元素钠、镁、铝、硅、硫、氯、氩，由于原子内部核电荷数的增加，使元素性质发生规律性的变化。从钠到铝，失电子多，显金属性。从磷到氯，得电子多，显非金属性。定量分析说明了金属性元素和非金属性元素划分的真实原因。

马克思精辟地说："一种科学只有在成功地运用数学时，才算真正达到了完善的地步。"这句话对千差万别的事物论述得是多么的完美，真是一语道破天机，是如此的伟大辉煌。它道破了一切事物发展的质量互变规律。伽利略说"自然界伟大的书是用数学语言表达的"，培根说"数是通向科学大门的钥匙"。数体现着物质的变化，数不仅对物质起着巨大的作用而且对人类的进化也起着巨大的促进作用，人类从远古开始，每一个部落和民族的繁荣与衰败都是用数来表达的，人们从开始生育和没有学会说话之前心中就已经开始计算了。所以，数和劳动生活是打开人类语言和智慧的钥匙。

《马克思恩格斯选集》第三卷中说："没有物质或运动的增加或减少，即没有有关的物体的量的变化，是不可能改变这个物体的质的。"《马克思主义哲学原理·质量互变规律》中说："质变总是受量变的制约，量变是质变的前提。不同的事物具有不同的量的活动范围，有它的自身的质所规定的数量界限。"二者不仅相互制约而且相互渗透，质中充满量的阶梯，每一种质都是由无限多的量来产生差别。同样，量中也充满质的差异。所以每一种物种都是由不同的量产生不同的质而得到不同的名。近代科学也证明了红、黄、青、紫、蓝等各种光谱颜色之间何以存在着差别，后来发现是取决于量的差别，即电磁波波长的差别。所以，万物的生长出于数，兴衰得失尽在数中。故万物莫不由数而生，莫不由数而化，莫不由数而壮，莫不由数而变，莫不由数而终。所以，我们把万物的生死变化叫做“气数”。在《论纳音数》中说：“万物先生生数，后生壮数，再生老数。”数是天地结合的产物，即天生什么？地生什么？天为阳数，地为阴数。《河图洛书》中说：“天一生水，地六成之。天三生木，地八成之。天五生土，地十成之。地二生火，天七成之。地四生金，天九成之。”数在生成中也有共性与个性，万物的生长都是由土而孕育的，土为中数即土数五，五为共有之数即共性。所以，河图洛书中皆以五为中数（见图1－2）。

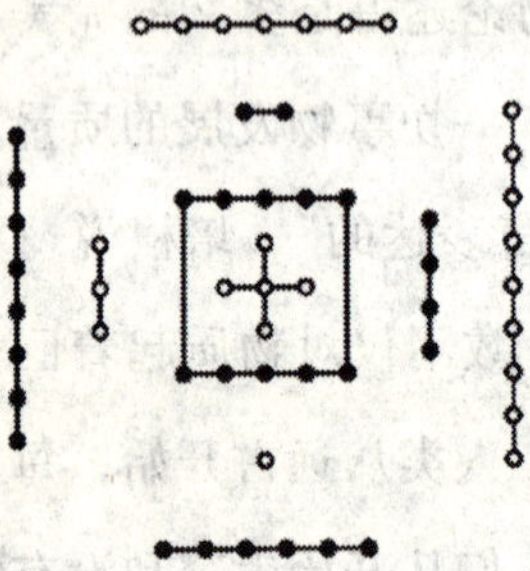

图1　河图

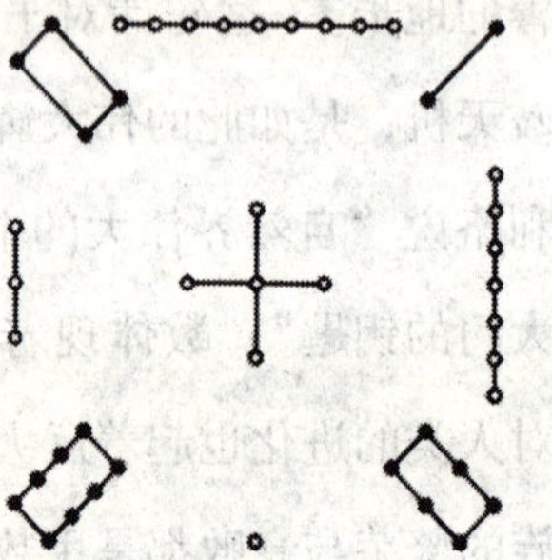

图2　洛书

河图洛书不是由人随意编造，而是来源于天文。河图根据金、木、水、火、土五星出没而制成，这五星的运动以二十八宿为区域划分，由于它的轨道距日道不远，通常按木、火、土、金、水的顺序，相继出现于北极天空，每星各行72天，五星的运动合周天360°。天数为1、3、5、7、9相加为25。地数为2、4、6、8、10相加为30。天地数共为55。所以，以55数演五星之象。图中白圈奇数为阳、代表天数；图中黑点偶数为阴、代表地数并以天地合五方，阴阳合于五行。洛书是根据北斗斗柄所指，从天体的九个方位上找出最明亮的星为标志（见图3，见于古代洛书九星图），以便于用斗柄在天上辨定方位。中央五星称“五帝座”是北极星之座为五行之首，位居中央而临御四方；“五帝座”下方为“北极”一星，恒居北方，以此定位；北极对南方之宫是“天纪”九星；正东方是“河北”三星；正西面是“七公”七星；“天纪”之左是“四辅”（一名四结）四星；“天纪”之右是“虎贲”二星；“北极”之左是“华盖”八星；“北极”之右是“天厨”（一名天渊）六星。洛书为九宫之数，以1、3、7、9为奇数，为阳数。以2、4、6、8为偶数，为阴数。阳数为主为天数，位居四方之正；阴数为辅为地数；五居中，属土气，土是五行之祖，旺于四隅。

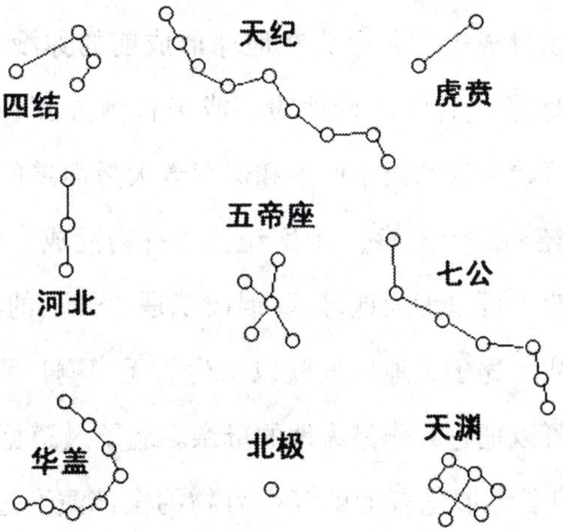

图3 洛书九星图

河图洛书还结合一年四季和二十四节气的气象变化；太阳和月亮交会便形成节；太阳、月亮、北斗交会便形成气，一年二十四节气就这样测定。所以，河图洛书是来源于天文，不是由人随意编造。万物以各自的生数相加而为成数。因此，各人种在地球母亲生育人种的大气候之下，在共有之数的基础上产生数的差别，地域气候与地域气候之间的差别造就了不同的“气数”的变化，地区与地区之间又存在着数的微妙变化，一切物种都是共性物质和不同的特殊性组成的数的变现。

由此可知，千差万别的事物生成是在先天所禀承的内部共性（普遍性）的基础上和接受后天性地域特殊性气质的相互结合而产生差别，这样就使物种产生共同而又不同的差别存在，人类有着组成人的共同的物质数量，人种有却着不同的五行质数的差别。这进一步说明了原因与结果、内因与外因的真实原因。

（二）近代生命起源说

周俊认为："生命并非源于原始地表的化学进化或来自宇宙生命胚种，而是源于地球形成过成中，其原头在地球形成前的弥漫状态原始尘云中，而不是开始于地球形成后的原始地表，或来自地外胚种，强调地球形成前，形成地球的原始尘云物质中产生和保存着大量简单的有机分子。"① 这正如老子《道德经·二十五章》中所说："有物混成，先天地生，萧呵！谬呵！独立而不改，可以为天地母。"混成就是"气"的状态。是说"气"这种东西混混沌沌，先于天地以前就以产生。无声啊！无形啊！它独立存在而永恒不变，可以把它看作是天地的母亲。老子《道德经》从"道"至"三生万物"说明了无形化有形即气生万物的全部演变过程。《庄子·天地》中说："未形之分，物得之以生，谓之德。"由此可见古代哲学家与当今科学家共同一致的高度认识。早在战国时期，中国著名的《鬼谷子·本经阴符七篇》中说"故人与生一，出与化物。"是说人的生命起源于混沌未分的自然状态——"一"，出身于千变万化的事物。"一"就是混沌的原始气态物质。

美国埃姆斯研究中心科学家在美国《全国科学院学报》上报告了生命有可能起源于太空。美国科学家这一发现暗示（一些简单分子自我组成了

① 周俊．生命地球同原论载天地生综合研究进展，第三届全国天地生相互关系学术讨论会文集．

类似肥皂泡的半渗透膜）宇宙里到处都存在生命。中国科学家已经在星际间探测一些小的有机分子的谱线。美国旧金山时间 2002 年 2 月 20 日消息，2 月 19 日欧洲航空航天局的天文学家表示，在轨观测台对太空一些星球进行的探测显示，在这些星球上同样有大量的水蒸汽和碳分子，而水和碳分子正是组成有机化合物的基本成分。美国天文学家说："尽管上述发现并不能确切地证明，除地球以外的其他行星上有生命存在，但至少证明了其他星球也具备生命形成的基本条件。"科学家们还说："形成的星体周围往往聚集大量水和碳分子，这一事实说明，这些星体正是未来生命起源的最佳场所。"这说明星际间确有存在生命痕迹的可能。

根据以上科学和中外哲学理论，我们不难得知，一切生命和物种的起源都是由于一"气"的演化发展变化而来。在宇宙中宇宙平等的酝酿于任何一个行星以产生物种的共性，只是个别行星具备了化生的条件，其他行星没有具备化生的自然条件罢了。宇宙中有生命的迹象，足以证明除地球外，只要条件合适其他行星也同样有着存在生命的可能性，将我们的地球认为是唯一的生命存在，这是孤立、片面的生命存在意识，是形而上学的观点。因此，形成生命气物质的转化（共同基因）是普遍存在的共性。

《素问·宝命全形论》中说："天覆地载，万物悉备，莫贵于人。"是说天地之间，万物俱全，没有什么东西比人更为宝贵的。随着自然界条件的进一步发展成熟，在外界条件的作用下各种物质相应的生发出来，每个事物以其独特的特殊性而蓬勃发展进化。由于"物质的多样性是从物质自身的永恒运动中产生的"，这里所说的物质自身的永恒运动是在条件的基础上发生变化。辩证唯物主义肯定了物质形态的多样性存在，同时也就肯定与物质不可分割的运动形式的多样性，而运动形式的多样性是不能脱离时间和空间的条件。所以，有不同的条件就有不同的运动形式，不同的运动形式造就不同的事物形态。全球各地的气候、水土等都存在着差别，这是不尽相同的，由于在同一时期地球经纬度和太阳黄道以及地理地质的不同，各板块地区的时间和季节的气候也就产生了差异，天地阴阳二气受到地理等条件的影响，气的内部运动形式就不同，气的内部运动形式是受这些条件的影响而产生不同的运动形式，因而它的聚合形式就不同，物质就呈现出不同的形态。因为万物与人的产生生长总是受自然规律和时间以及各地水土性质等不同条件的影响，从而形成各自不同的内部运动形式而产生特殊性差别，也就产生和反映出“人本天地”的差别。

人为万物之灵，最能够反映当地的地理和全球天地之理的精灵。人吸收了天地的全气而生具备了天地最全的元素和“精气”。所以《孟子》说：天地皆备于我。无论是人还是各种物质，都与同类事物有着各自的差别，这种差别就是当地大地母亲化生的特殊性，这些特殊性结构从本土产生以来就具备了代表性的地区差别并以此为遗传。例如木材，产于西伯利亚的松木质量要比欧亚其他地区的松木质量要好得多。各地的矿物也是这样有着差别，人们同样可以分辨出来。

事实胜于雄辩，人种同样可以明显分辨出来，人种不仅具备自然规律的特征而且有着鲜明巨大的种系差别，人种是最能反映地域物质的精神存在。所以，人为万物之灵。李时珍说：“人有十二生肖之肉。”十二生肖代表了十二个年份的时间气数或者人晚于一些事物而产生。说明人与动物基因的相进，而中国十二生肖中又把鼠放在了第一位，这不得不引起我们的高度重视。正如伽利略所说“自然界伟大的书是用数学语言表达的。因此，人具备了万物的灵气，万物在酝酿之后就开始了漫长的演变和进化过程，整个生物界的进化已经历了三十四亿年之久的历史。人类与万物通过自身的遗传进行繁衍和进化后代，人则是从猿到人通过劳动进行了漫长的进化过程，随着人的双手、发音器官、感觉器官和脑髓的形成、语言、思维和意识的出现，能够制造工具和使用工具，成为正真意义上的人。

"气"不仅产生万物而且还养育万物。因此,"一"(混沌元气)是当今科学家所共同认为的弥漫气体的一致,这个气物质的共性遍布于宇宙的一切物质之中,即《马克思主义哲学》中所说的"一元论"这个物质的本原,也即德国化学家所说的相同信息。《易经》中所说的"一"这个共性(气物质)对万物来说都是平等的,所以,万物都有着几乎相近的基因。气物质演化为宇宙尘云的凝聚和爆发普遍生成转化于宇宙各处和一切星球之中的共同存在,使宇宙中的一切物质都具有相同信息。大地母亲具备了产生生命的条件后又通过天地阴阳二气的和合化生生物。人则是万物之灵,在共性的基础上得天地阴阳的精气和全气而生,在陆地上为适应陆地生存则进化为具有双腿而能直立行走的人;在海洋中则进化为适应海洋生存能力的美人鱼(《山海经》《本草纲目》等医书中对美人鱼多有记载)。他们均属人科。矿物质在世界各地都同样的被酝酿和产生出来。

科学实践证明一切物质都有相同的信息,它们之间没有那一种物质的共性特殊,所以和矿物质一样有了各种物质的产生,才有了世界各地同样的物质具有不尽相同的性味和质量,使万物各自产生出了共性与当地特殊性差别的无限统一。这就如同辩证唯物主义绝对真理和相对真理中所说的:"世界上的一切物质都是在特定的时间、空间条件下具体地存在着。"如果只承认地球的某一地区产生物种和生命,那么就否认了整体自然气候的作用,某一地区的自然气候是在地球全局气候的整体效应下才能存在和发展。天不会只覆盖一方,地不会只承载一处,没有整体自然气候也就没有个别地区产生物种和生命的基础,也就不可能有全球动植物的生态生物链存在,更不可能有动植物的生命出现。

美 P. 克劳德著《天地人》中说:"人类在胚胎时期微缩了整个种系而发展的。"生物学家达尔文说:"一切生命的起源都是统一的,不同的物种都演变于一个共同的种类。"这里所说的一切生命的起源都是统一的,这是正确的。但不同的物种都演变于一个共同种类是错误的，共同种类是指万物拥有的共同形状，是已经具备了形状的东西。如果万物是由共同种类（形状）而来，那么，他们所说的微缩了整个种系和一个共同种类的结果几乎是一致的了。种系和共同的种类，是已经具备了原始胚胎的，胚胎就是形状的初始，是已经有了形状发展基础的内因物质，是有限制、有规定物种发展方向的内因物质“精”的存在，所以才称之为“系”和“类”。

万物一旦具备了形状的基础，内因就决定着胚胎，朝着它自身的形状形体发展而来，就不可能产生千差万别的事物。例如：鼠具备了早期胚胎就会朝着鼠的形体方向发展和进化，它的内因不可能使它变为其他动物的形体。所以，无限多样的物种，都是通过各自的精来保持各种物种的特征、性能和组织结构来遗传延续物种奇观，而这一基本规律贯穿于自然界一切事物的始终。并不是通过一个特征、性能和组织结构的精来产生不同的种类，种类是气物质不同形式运动的产物，而这一产物只能包含自己的运动形式，并通过精来保持它的延续和遗传。达尔文所说一切生命的起源都是统一的，这是正确的。而演变于一个共同的种类，又是错误的。正如列宁所说：“任何个别不能完全包括在一般之中”。所以，一个个别性的种类怎么能代表所有种类呢？也如同周俊氏所说“生命并非来自宇宙胚种”的精辟论断。所以，胚胎不是万物之母，它只是一个单体事物的始祖。因此，共同种类的说法是没有道理的。只有没有种类的、无形的气物质才是一切种类的始祖。虽然他们还没有认识到“气”具有无形和化生万物的两个特点和养育万物平衡万物的功能，虽然他们还没有认识到自由生成是大自然最伟大无私成就万物的方式，虽然他们还没有认识到时间、数理、规律以及物种的内部运动等条件，但也似乎看到了事物起源的端倪。这在当时也是很可贵的。

因为无形，所以才能化生一切有形的万物，才能无所约束、超越一切，因为无形才能随着自然界各种条件的变化而变化，产生出千差万别的不同物种。只有无形才能无所位趆，无所拘束，并自由化生一切，而尽欲全形。辩证唯物主义告诉我们，事物的内因决定一个种系或种类即已具有早期形体胚胎的事物不可能演变为千差万别的种类。P. 克劳德《天地人》中说："达尔文是根据厄瓜多尔的加拉戈斯群岛后，当地的一位官员给他说明了，根据细微但很有特色的背甲形状的差别就可以辨出哪种加拉帕戈斯大海龟是从哪个岛来的。如饥似渴的达尔文不久果然发现，虽然每一个分隔开的小岛都有大致相同的动植物，但每个小岛又都有本岛独有的一些特征的种或亚种。这似乎很奇怪，这些物种在各岛上分别创生似乎也不大可能。因此达尔文想，很可能它们是共同的祖先衍生出来。达尔文的这种猜测也有他的正确性，但在总的物种定义上达尔文将共同的祖先或共同的种类理解为一切生命的起源是有形的一个始祖，这又是错误的。达尔文时代他已经读过李时珍的《本草纲目》。他曾说："《本草纲目》是中国的百科全书。"

中西方文化差距很大，书中虽有万物为"一气"变化的精辟见解，但他依然没有认识到气的这一物质概念。所以《天地人》中说："这个问题耗费了达尔文一生的大部分时间，也耗费了他身后许多人的毕生精力。尽管达尔文提出了物种起源的进化理论，但生物进化的过程仍未被完全认识。"这是由于达尔文和近代学者对一个本原的理论很模糊的原因。因此，微缩整个种系和所有物种都是由一个共同种类产生的，显然是很不正确的，一个共同种类还包含着近亲繁殖的必然性，这种必然性不可能产生机勃勃的万千物种。达尔文娶表妹爱玛为妻，他的部分家族后代孱弱引起了达尔文的注意，这无意中的牺牲和生物学上的发现在当时已是非常可贵的，但还是没有彻底唤醒达尔文对整个物种本原概念的深刻认识。

《马克思主义原理·世界统一于物质》中所说："世界上的万事万物不

是某种物质的特定形态、特定结构、特定属性所组成的，而是不依赖于人们的意识而独立存在的客观实在。”微缩整个种系和所有物种都是由一个共同种类产生的不符合辩证唯物主义和中国古代哲学共同对“一元论”这个世界本原的论述。“一元论”也就是万物的最初始祖即“元气”是无差别的。无形的天地阴阳合气是一切有形物质的始祖，这才使千差万别的事物有着共同的基因又结合特殊性而产生不同的差别，不同的物种都演变于一个共同无形的气物质。它在不断地告诉着人类，自然界创造万物的奇妙。

地理方位、气候、时间和空间所产生的不同运动形式产生不同的精气是构成所有物种最基本的东西，而这些最基本的东西都根据自身不同的运动形式而产生自己的特征来适应于自然条件和自然规律。因此，千差万别的自然物种是自然界不同运动规律的表现形式。阴阳合气在各种不同的特殊地理气候条件以及水、阳光、雨露、时间、数量、规律等条件下才能产生任其自然产生任其自然发展的事物，从而形成了千差万别适应于各种自然规律的不同事物种类，构成了无限多样而又神奇壮观的物种世界。海洋和陆地的一切动植物都离不开“气”；都在“气”的养育中生存和进化发展，气是一切动植物生命的始祖和源泉，又贯穿于一切事物的始终。一切动植物的产生都是为适合各自的自然条件而产生和发展起来并不断地进化完善。因此，人与万物的基因在气物质的化生下必定相近，天地宇宙所有的生命和非生命物质之间没有不可逾越的鸿沟而大致相同，尤其是人和动物的基因最为相近。

根据中外哲学和近代科学理论对生命起源的指导和认识，我们不难得知，只有没有形体的共性“气”物质，才能具有创造无限多样有形物种的奇观条件和能力，也只有“气”物质在各地随着地域和水土、气候等条件的变化而变化产生适应该地区的事物，既具有共性也具有各自自然条件和规律差别而产生千差万别的个性事物，由于阴阳二气的对立统一形成了整个微观和宏观物种的对立与统一，一切阴阳雌雄正负的相互对立和相互作用无不体现阴阳二气的对立统一关系。老子《道德经》中说：“万物生于有，有生于无。”这里的“无”指无形，无形才能创造有形。自然界之所以被称之为自然界，就是因为她在没有任何束缚的条件下自然产生了适合自身条件的各种自然物种。所以，物种众多。自然物种之所以千差万别就是因为她没有一个共同的种类或胚胎，任何一个事物都是无形的气物质与自然条件规律的统一结合。所以，才能自然的任其释放和任其产生有形物质。因此，物种众多，而尽欲全形。自然界没有任何创造的意识，才毫无遗漏地产生了一切自然物种，形成了无比壮观的物种奇观，产生了人类智慧无法想象的完美生物与和谐的生态生物链存在。

老子《道德经》中强调“大自然无为而无不为”的宗旨，《清静经》中说：“大道无形，生育天地；大道无情，运行日月；大道无名，常养万物；吾不知其名，强名曰道”。《道德经》中说：“无名天地之始，有名万物之母。”《列子·天瑞》说：“有太易、有太初、有太始、有太素。”太易者，还未见气；太初者，元气已经出现；太始者，气开始有了形态；太素者，有形态的气体开始表现不同的性质。从虚无产生一气，到宇宙中无形的弥漫气体物质通过内部运动产生能量的积聚爆发产生众多的星云星系。在这些众多的星云星系中，行星最具备酝酿无限物种和生命的摇篮。当条件成熟后，一切能够产生物质和生命的行星都能化生出适应于自身条件和具有自然规律的无限多样的物种和生命奇观，创造伟大宏伟的物种生命现象来反映它和宇宙的本质。因此，达尔文和澳大利亚以及一些人类学家认为事物是由一个或几个已具备了形体的胚胎或种类的狭义概念是万物的始祖都是不正确的。

如果在距离我们亿万光年的行星上有物种和人类存在，难道就可以去认定他们和我们都是微缩和演变于一个共同的种类而来吗？难道又能忽略特殊性认同普遍性去定论是谁是谁的种类或移民吗？难道又可以把遥远星际的人类推算到地球的非洲吗？难道也可以“视为”吗？任何一个地球板块的人和事物都有它的特殊实在性，不管你承认不承认它都客观存在。因此，特殊性是不容忽视的，种类说显然是不正确的。由此可知，只从基因一方面或化石方面分析和确定复杂的人种或事物是远远不够的，也是对人类极不负责的做法。

以上中外哲学和当今科学理论说明，一些研究者没有认识到生命起源的根本本质所在。所以，在《天地人》一书中才有生物的起源和进化一直耗费了达尔文和他身后学者的毕生精力却没被有完全认识这个过程的根本原因，这也是没有受到哲学指导的重大原因所在。

七 中国古代天人合一的哲学与五方、五色、五行、五脏、五官相应的哲学理论来源

《马克思主义哲学·真理章》中说:“自然科学中的定律、定理、理论之所以是真理,就是因为它们都正确地反映了自然界和社会发展的客观规律。”①

中国古人在长期的社会实践中,通过对周围环境的观察,结合对疾病的治疗总结出了人的体质医学和人受天地气候致病的重大理论。建立了中国五方、五色、五星、五气、五行、五脏、五味、五官等这些与自然规律相统一的天人合一的哲学理论,这一理论是非常重要的认识论,它对人种和物种的地理性研究起着非常重要的指导作用,它是一个辩证看待我们这个宇宙和世界的重大哲学观点,也是从根本上能够认识宇宙和世界的哲学理论。我们所看到的万物都在我们这个美丽的星球生生不息地客观存在着,并不断地反馈给灵明的人类以各种信息来说明宇宙事物的对立统一。

① 《马克思主义哲学原理·真理章》天津出版社。

因此，我们认识天人合一的理论对我们了解宇宙以及人类和人种有着重大的启迪意义，并对我们人类的未来起着重大的哲学指导作用。中国五星、五色、五方、五行、五脏、五味、五音、五官等这天人合一的定律、定理、理论是辩证统一的认识论，是中国古代的自然哲学之一，是中国古人在长期的学习、生活、斗争、实践中总结出的宝贵经验。用今天的话来说就是地球不同的经纬度对自然界物种的影响和统一作用，是把自然界的客观规律理论化，在古代中国天文学和中医学理论是融为一体的。

素有“不知当王之气，则不能为医”的古训，中国天文和医学与五行八卦相配被大量的实践应用于各个学科，五行八卦代表着不同的方位和事物。从自然环境上讲，树和草木是从南方的阔叶林到北方的针叶林再到北极的苔原带趋势顺应自然界的气候变化规律而生长变化，地球上一切动植物都是遵循着自然界的规律而生长发展和进化。这就是方位对自然界物种的影响作用。五色、五方理论是我们与天地融为一体并能清楚辩证地看待和了解宇宙，是分析和判断自然界最神妙、最根本的哲学观点之一。由于方位和纬度以及海拔的不同，各地区相应产生了不同的物种和共同事物的不同差别，万物在共性的始祖下受自然界不同条件差别的影响而生成了各自内在的特殊性结构，形成了万紫千红的多彩世界，这些特殊性是一事物区分于另一事物的重要内因所在。实际上特殊性就包含事物的地域性或其他条件的区别性，并以此为遗传而不断的发展和进化。因此，认识中国古代哲学理论对我们了解人类和宇宙自然界有着非常重大的哲学指导意义。

1. 中国五方、五行、五色的理论是来源于宇宙天文、地理、人体和自然规律为一体的天人合一的哲学观

在中国的古籍中有大量的东青、南赤、西白、北黑、中黄。它们各对应不同的地理方位，这个理论分别是东方青色、西方白色、南方赤色、北方黑色和中央黄色的记载。也就有中国五色配五方的天象、军事、政治、

医学、生活等方面的记载。如著名的东方青龙、西方白虎、南方朱雀、北方玄武和中央黄宫的天象配颜色的记载。司马迁《史记·三王世家》中说："(《春秋大传》) 说：'天子的国家有泰社。东方青色、南方赤色、西方白色、北方黑色、中央黄色'"。是说：封于东方的诸侯取青色土；封于南方的诸侯取红色土；封于西方的诸侯取白色土；封于北方的诸侯取黑色土；封于中央王畿的诸侯取黄色土。各取自己的土，用白茅裹着，堆土建为国社。这就是开始受封于天子的诸侯王。这就叫主土。[①] 医学中的肝、心、脾、肺、肾对应青、赤、黄、白、黑，对应东、南、中、西、北，对应木、火、土、金、水五行和五星等等。中国五方、五行、五色的理论贯穿于古代社会科学的各个领域，在古代社会得到广泛的应用，也是构成中医学的理论基石之一。中医学的这些理论早就在实践中得到了充分的验证而服务于人民，不仅显示了强大不衰的生命力而且证明了它无比的正确性。

《孝经·援神契》说"土之精黄，木之精青，火之精赤，金之精白、水之精黑。"[②] 隋代隋萧吉的《五行大义·释五色》在解释五色中说明了阴阳五行的精华各有其色。

在诸多的养生书籍和医书中载有东方青气、南方赤气、西方白气、中央黄气、北方黑气。青、赤、黄、白、黑分别与人体脏腑与外部互相贯通。关尹子的《关尹子·二柱篇》说："心与枣相印，肝与青榆相应。因此，说明我与天地相通。"[③] 自古以来中国人根据天体和自然界把五方、五色、五味与人体和脏腑相配，用以阐述世界的奥妙，在长达几千年的文化

---

① 《春秋大传》作者不详，汉代。

② 《孝经·援神契》作者待考。

③ 《关尹子》关令尹喜，战国时人。

中用于生活、科技、天文、地理、八卦、祭祀、军事、医疗等遍及中国古代社会和科技的各个领域并得到了充分的肯定和进一步的实践发展，在漫长的历史发展中不断地完善了这个领域。（在后文中有详细的论述）

《素问·五藏生成》中说："东方青色，青如翠羽；南方赤色，赤如鸡冠；西方白色，白如猪膏；北方黑色，黑如乌羽；中央黄色，黄如蟹腹。"

《素问·五藏生成》中说："青如翠羽者生，赤如鸡冠者生，黄如蟹腹者生，白如豕膏者生，黑如乌羽者生。"是说人面上的气色青得像翠鸟的羽毛是生色，赤得像鸡冠是生色，白得像猪膏是生色，黑得像乌鸦的羽毛是生色，黄得像蟹腹是生色。这实际上早在黄帝年代对人种就有了充分的认识。以上是说五方所生之正色和人的生机勃勃的气色。《素问·金匮真言论》中说："东方青色，入通于肝，开窍于目……其类草木。南方赤色，入通于心，开窍于耳……其类火。中央黄色，入通于脾，开窍于口……其类土。西方白色，入通于肺，开窍于鼻……其类金。北方黑色，入通于肾，开窍于二阴……其类水。"戴德和戴圣的《礼记·曲礼》载："行，前朱雀后玄武，左青龙右白虎。"疏：前南后北，左东右西，朱雀、玄武、青龙、白虎。《三辅黄图》："青龙、白虎、朱雀、玄武，来之四星，以正四方。"① 葛洪的《抱扑子·杂应》述老子形象时称"左有二十青龙，右有二十六白虎，前有二十四朱雀，后有七十二玄武，四方之神，各有名称"。可见当时已对这四方星座所包含的二十八宿有了很成熟的认识。五方生五色与五气、五脏、五行（金、木、水、火、土）的哲学理论依据也就是理论来源如下：

东方青色：是指北斗星的斗柄指向东方之时，春天到来，东风吹动，天地间生气发动，万物复苏，草木欣欣向荣，大地一片青绿，正是春气当

① 《三辅黄图》作者不详。

令。三月春分，木星见于东方并和春季草木的自然生机相应，于是“木行”的概念形成，所谓“春到人间草木知”。《孝经·援神契》中说：“草木之精为青”，故东方青色。隋代隋萧吉的《五行大义·释五色》中说：“青，东方之正色，象木叶青也。”李时珍说：“松柏为百木之王，得天地的正气所以常青。”我们所见到的油松树的针叶就是正青色，中国婴儿的青迹就是与松针的苍青之色完全一致。《素问·四气调神大论》中说：“春三月，此谓发陈，天地俱生，万物以荣。夜卧早起，广步于庭，披发缓行，以使志生，生而勿杀，予而勿夺，赏而勿罚，此春气之应。”是说春天三个月是万物萌发生长的季节，天地间生气发动，草木欣欣向荣。人们应夜卧早起，在院庭散步，披散头发，舒缓形体，以便使神志随着春天生发之气而舒畅活泼。要让其生发而不要扼杀，要给予而不要剥夺，要激励而不要贬损，一定要应和这春阳生发之气而决不能折逆它。这就是适应春天生养的方法。

春天是草木生发的季节，草木生发颜色为青色。因此，草木之精为青色。春天的气机温和通于木气，草木燃烧可放出青烟，木可以再生，肝脏也可以再生，这是对其本性的反映，肝属木由此可以得到验证。《素问·脏气法时》说：肝主春木之气。《难经》中说：肝何两叶？答曰：肝属木，主生发象草木如幼苗生发之壮，故肝为两叶（这是取象比类）①。《内经》曰：“肝属木”，木的性味酸，所以，青色物质和酸味普遍进入肝脏。根据自然界的规律在这个季节人体肝脏（属木）的气与大自然春生草木万物的气机同时生发相应合与于自然规律，春季这个时节的气机气温的生发与肝脏相应，木性曲直。《素问·脉要精微论》说：在人体脉搏上春季脉上浮，如鱼游波中一样。人们在这个季节应该保养肝脏，肝脏的颜色又是青色，

① 《难经》秦越人撰，东汉前书。

与春气相应。肝脏属木，故东方青色配肝脏，肝在人体中开窍于眼（眼是肝脏的延伸物），它在精气所养是筋，故肝主筋，在疾病则发生在筋的方面，在五音中为角，在五星中为木星，在河图成数中为八。

东方青色和人体的肝脏相应，肝脏开窍于目即肝脏的延伸物是眼睛，肝气上通于目，精华藏在其中。

木星于每天三时（寅时）和八时（未时）出现于东方；每月三、八（初三、初八、十三、十八、二十三、二十八以下同，皆为阴历）日月会木星于东方；每年三月、八月黄昏时见木星于东方，故曰：“天三生木，地八成之。”

在苍穹的二十八宿中，东方七宿为苍龙之象，这七宿为角、亢、氐、房、心、尾、箕，把它们连缀起来像龙，故称苍龙。东方属木所以青色，故名青龙（见图4）。所以，人体肝脏、东方、苍龙之象、春季、青色是人、天、地、物、色合而为一的哲学观点，指出了人与自然密不可分的辩证统一关系。

东方苍龙之象

图4

以上是把北斗星的指向位置合于苍龙星座、合于木星、合于大地春季青色，合于草木萌发之气，合于肝脏。古人发现时间季节和自然规律与人体脏腑生发的气机相统一、相应合，把这一规律称做“天人合一”的理论，并作为中医学的重要理论基石之一。说明了人是自然界的产物与自然

界密切相关。以下诸方位的说明于此相同。

天人合一的思想，是中国人的思想，这个思想的理论来源就是根源于天文、自然规律和人体脏腑，并非随意编造。天人合一的理论在长期的医学实践中对药物配方和疾病的治疗获得了正确的验证。例如：根据面部五色对应的五脏判断疾病所发的脏腑是如此的正确（参见后文淳于意珍病）；证明了人与自然界的规律密切相关、相互统一、密不可分；证明了人是自然界的一部分与自然规律息息相应，人与自然是“人本天地”本于阴阳（天地）之气的关系；充分说明了人不仅生于自然规律而且统一于自然规律的唯物主义思想。

南方赤色：是指北斗星的斗柄指向南方，夏季到来，南风吹动，草木繁荣秀美，正当夏气当令，地面上一片炎热，夏季炎热属火。七月夏至节后，在星则火星见于南方并和夏季的自然生机相应，于是“火行”的概念形成。《孝经·援神契》中说：“火之精为赤色。”故南方赤色。隋代隋萧吉的《五行大义·释五色》中说：“赤，南方之正色，象火光之色。”《素问·四气调神大论》中曰：“夏三月，此谓蕃秀，天地气交，万物华实。夜卧早起，无厌于日，使志无怒，使华英成秀，使气得泄，若所爱在外，此夏之气，养长之道也”。是说夏三月，是草木繁荣秀美的季节。在这一时期，天地阴阳交气旺盛，万物开花结果。在生活方面，人们应该夜卧早起，不要厌恶白天太长，使心中没有郁怒，容色显得秀美，并使腠理宣通，夏气疏绁，就好像“所爱在外”。这是适应夏天“长养”的道理。

根据自然界的规律在这个季节人体心脏（属火）的气机与大自然的气机同时生发相应合于自然规律，这时夏季气机气温与心脏相应，火性炎上。《素问·脉要精微论》说：夏季脉充皮肤，浮泛非常，象万物充盛似的。《素问·脏气法时》说：心主夏火之气。这个季节人们应该保养心脏。心脏的颜色又是红色，与夏气相应。火之精为赤色，故南方赤色配心脏。

《内经》曰：心属火，火的性味苦。所以，红色物质和苦味普遍进入心脏。心色红，心脏的延伸物是舌头，舌头象火苗之状。所以，舌头是最不怕烫的器官。心在人体中也开窍于耳，它在精气所养是血，故心红色主血，在疾病则发生在血的方面，在五音中为徵音，在五星中为火星，在河图成数中为七。

南方赤色和人体的心脏相应，心脏也开窍于耳，心气关联于舌，精华藏在其中。

火星于每天二时（丑时）和七时（午时）出现于南方；每月二、七，日月会火星于南方；每年二月、七月黄昏时见火星于南方，故曰："地二生火，天七成之。"

在苍穹的二十八宿中，南方七宿为朱雀之象，这七宿为井、鬼、柳、星、张、翼、珍，将它们连缀起来象雀，南方属火所以赤色，故名朱雀。所以，人体心脏、南方、朱雀之象、夏季、红色是人与天、地、物、色合而为一（见图5）。

南方朱雀之象

图5

西方白色：是指北斗星的斗柄指向西方，秋季到来，西风吹动，天气劲急，暑湿退去，地气清明，九月秋分金星见于西方并和自然生机相应，"金行"的概念形成。《孝经·援神契》中说："金之精为白色"，秋季霜降，故西方白色。隋代隋萧吉的《五行大义·释五色》中说："白，西方之正色，象霜露白也。"春生秋实，秋天肃杀之气到来，许慎曰："金者禁也，阴气始起万物禁止也。"金主杀伐与秋季草木凋落之气相合，古时刑法秋季问斩以和天时的杀伐之气。《素问·四气调神大论》中曰："秋三月此谓窑平，天气以急，地气以明。早卧早起，与鸡俱兴，使志安宁，以缓秋刑，收敛神气，使秋气平，无外其志，使肺气清，此秋气之应，养收之道也。"是说秋三月，是草木自然成熟的季节。金风（秋风）渐来，天气劲急；暑湿已去，地气清明。这个季节，应该早卧早起，鸡叫起床，使意志保持安定，借以舒缓秋天的形体。但是，意志怎样才能得到安定呢？就是精神要内守不急不躁，使秋天肃杀之气得以和平；不使意志外驰，使肺气得到匀整。这是适应秋天"收养"的方法。

根据自然界的规律在这个季节人体肺脏（属金）的气机与大自然的气机同时生发相应合于自然秋季，秋季的气机气温与肺脏相应，金曰从革。《素问·脉要精微论》说：秋季脉沉，似在肤下，就像蛰虫将要入穴。《素问·藏气法时》说：肺主秋金之气。这个季节人们应该保养肺脏。肺脏的颜色又是白色，与秋气相应。金之精为白，故西方白色，配以肺脏。《内经》曰："肺属金。"金性辛。所以，白色物质和辛味普遍进入肺脏。肺在人体中开窍于鼻（肺脏的延伸物是鼻子），它在精气所养是皮毛，故肺主皮毛，在疾病则发生在皮毛方面，在五音中为商音，在五星中为金星，在河图成数中为九。

西方白色和人体的肺脏相应，肺脏开窍于鼻，肺气关联于鼻，精华藏在其中。

金星每天五时（卯时）和十时（申时）出现于西方；每月四、九，日月会金星于西方；每年四月、九月，黄昏时见金星于西方，故曰："地四生金，天九成之。"

在苍穹的二十八宿中，西方七宿为白虎之象，这七宿为觜、参、毕、昂、胃、娄、奎，将它们连缀起来象虎，西方属金，金色白。因此，西方白色，故名白虎（见图6）。所以，人体肺脏、西方、白虎之象、秋季、白色是人与天、地、物、色合而为一的。

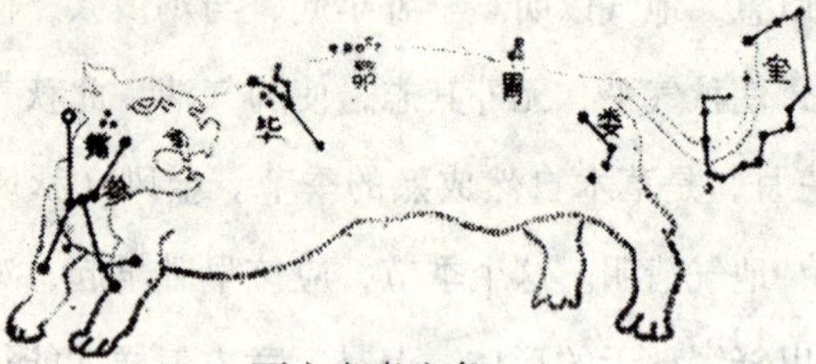

西方白虎之象

图6

北方黑色：是指北斗星的斗柄指向北方，冬季到来，北风吹动，百虫蛰眠，谷物收藏，水结冰，天寒地冻，收藏之气到来，十一月冬至节前见水星于北方并和冬季的自然气机相应，正当冬气交令，于是“水行”的概念形成。《孝经·援神契》中说：“水之精为黑色。”故北方黑色。隋萧吉在《五行大义·配五色》中说：“北方水色黑。水为太阴之物，远望黯然，故阴暗也。”肾脏属水脏为泌尿系统，肾脏的颜色又是黑色，与冬气相应。《素问·四气调神大论》中说：“冬三月此谓闭藏，水冰地坼，无扰乎阳。早卧晚起，必待日光，使志若伏若匿，匿已有得，去寒就温，无泄皮肤，使气亟夺，此冬气之应，养藏道也。”是说冬三月，是万物生机潜伏闭藏的季节。水结冰，地冻冽。这时，人们不要扰动阳气，应该早卧晚起，一定要等到日光显露再起床。使意志如伏似藏，像有私意似的，又像有所得似的。而且还应该避寒就温，不要让皮肤开泄出汗。使阳气藏而不泄。这就是适应冬天藏伏的方法。根据自然界的规律在这个季节人体肾脏（属水）的气机与大自然的气机同时收藏相应合于自然。《素问·藏气法时》

说：肾主冬水之气。这个季节的气机气温与肾脏相应，水性润下。《素问·脉要精微论》说：冬季为沉脉，像蛰虫密藏洞穴，人们深居内室似的。冬季人们应该保养肾脏。水之精为黑色，故北方黑色，配以肾脏，肾脏属泌尿系统；属水，主管水精之液，水性寒，通于冬气。《内经》曰："肾属水，水的性味咸。所以，黑色物质和咸味普遍进入肾脏。"肾在人体中开窍于二阴（肾脏的延伸物是生殖器）也通于耳，它在精气所养是骨，故肾主骨，在疾病则发生在骨质方面和水肿方面，在五音中为羽音，在五星中为水星，在河图成数中为六。

北方黑色与人体的肾脏相应，肾脏开窍于二阴（两个下窍），肾脏通于耳，精华藏在其中。

水星于每天一时（子时）和六时（巳时）出现于北方；每月一、六，日月会水星于北方；每年一月，六月，黄昏时见水星于北方，故曰："天一生水，地六成之。"

在苍穹的二十八宿中，北方七宿为玄武之象，这七宿为斗、牛、女、虚、危、室、壁将，它们连缀起来像龟蛇，北方属水，水之精为黑色，故名玄武（见图7）。所以，人体肾脏、北方、玄武之象、冬季、黑色是人与天、地、物、色合而为一。

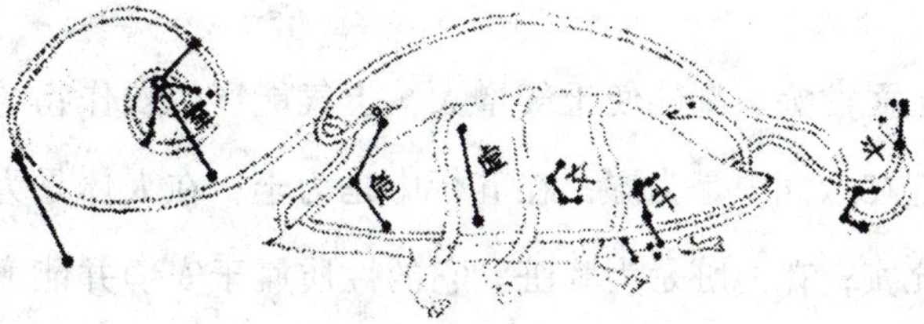

北方玄武之象

图7

北方属水从现在的卫星云图中还可以看到，中国和北半球的大部地区降雨量主要来自北方西伯利亚的大片寒流云系，还有一部分与南方南部暖湿气流云系的会合也形成降雨，并影响整个北半球的气候。

中央黄色：是指北极星为太一中宫，主一年四季可见，四季由土栽运，一年四季和土气相通，土与人的脾脏之气相应，太一与土不主一个季节而通于四季。故中央属土，人体的脾脏与一年四季的气机相通，又合于土气黄色，脾胃为缓脉。中国医学家李时珍说："将动物脾脏用火烧烤可发出土腥味，脾属土由此可以得到验证。"《孝经·援神契》中说："土之精为黄，故中央黄色。"隋萧吉在《五行大义·配五色》中说："黄，象土黄通埋也。"李时珍说："土有五种颜色，以黄色为正；有五种味道，以甜味为正。"所以黄色合于脾土，气息平稳味甜主调和。李时珍《本草纲目》说：甘草黄色，味甜入脾经解一千二百种草药的毒性。故中央黄色，属土，配以脾脏。所以，黄色味甜的药物普遍进入人体脾脏，脾脏开窍于口，在人为嘴唇（脾脏的延伸物是嘴唇）。土的质量重，兔子和马口唇缺所以没有脾脏。因此，兔子和马很善于奔跑，脾属土也由此可以得到验证。土主静，故人体少脾痛。《元命苞》曰："土之为言吐也，含吐气精，以生于物。"[①]《内经》曰："脾脏开窍于口，它在精气所养是肉，在疾病则发生在肉的方面，在五音中为宫音，在五星中为土星，在河图的成数中为十。

中央属土而性湿，湿能使土气增大，土气能产生农作物的甘味，甘味滋养脾气。它在六气中是为湿；在五行中是为土；在人体是为肌肉；在功用能使物体充实；在内脏是为脾脏。它的性质属于安静并能廉荣，它的本质属于润泽，它的功能属于化生万物，它的颜色属于黄色，它的变化属于盈满，它在动物中属于倮虫一类，它的作用属于安静脾气。

---

① 《春秋元命苞》作者不详，西汉时书，三国时宋均注解。

土星于每天五时（辰时）和十时（酉时）出现于中央，每月五、十，日月会土星于中央，每年五月、十月，黄昏时见土星于中央，故曰："天五生土，地十成之。"

以上天象和地上四季与人体五脏功能的生发之气相合，形成了天、地、人、色和脏腑功能相应并合而为一的哲学思想理论。这是中国古人在长期的生活观察和实践中通过不断的论证和医学实践得来的宝贵经验和理论学说体系，为中华民族的哲学思想奠定了无可比拟的理论基石。没有四季的地区则有其他原因和结果的存在，但事物发展的总规律是相通。

中国五方、五色、五行与金、木、水、火、土五星的出没与颜色、季节、人体脏腑功能和数理等等形成了统一的定理、理论，反映着人与客观现实的实际相符相合既天人合一的思想体系，反映着人与自然的对立统一。五星出没不仅说明了河图洛书的数理来源，而且说明了五行规律演变事物的奥秘所在，所以才有河图洛书与五行八卦相配的数理来解释生命现象。从万物的生命数上来说，1 到 4 是生数，5 是生数也是中数即万物的共有之数，5 以后是成数。"天一生水，地六成之"，揭示了生命之先万物莫不由水而生，故水数一。万物莫不由土而孕，土又为中宫，故土数五，所以成数 5 +1 =6。"地二生火，天七成之"，揭示了万物具备了水土之后又不可缺少阳光，故火数二，万物莫不由土而长，故成数 5 +2 =7。"天三生木，地八成之"，揭示了万物具备水火土的条件后，首先万物的生长是以春为首成长出来，故木数三，万物莫不由土而壮，故成数 3 +5 =8。"地四生金，天九成之"，万物成长壮大后而老，莫不由自然规律的金秋之气而肃杀，故金数四。成数 4 +5 =9。"天五生土、地十成之"，万物莫不由土而载，莫不由土而成，土为中数为共有之数，故"天五生土，地十成之"。生数和成数可以广泛的应用在其他领域。这又是把天、地、人与数理和生命科学相结合的哲学思想。

以上是从北斗星的指向以及星座，到四季的生发之气再到人体内脏的生发之气和颜色，再到人体内脏的功用和药物归经与自然规律统一相应相合的哲学理论体系；是天、地、人、色和内脏合而为一的不可分割的理论体系，把这种与自然相应而又完全统一于自然规律的理论叫做天人合一的哲学思想，说明了人的产生从根本上受自然界的密切影响，人是自然界的产物与自然界是不可分割的有机整体。这正如《马克思主义哲学·真理》中所说："自然科学中的定律、定理、理论之所以是真理，就是因为它们都正确地反映了自然界和社会发展的客观规律。"《内经》中说：了解天实是为了了解地。所以，不了解天和自然的，始终难以了解地和其他的一些事物。中国哲学自始自终来源于长期的现实观察；来源于实际应用；来源于天文、地理、自然界的季节变化；把人体脏腑和物质药物理论通过千百年的实践论证，综合验证了天人合一的正确理论。中国哲学一开始就步入唯物主义的思想，因此，她的理论能够显示强大的启发力、说服力和指导力，为中华民族的各项理论奠定了唯物主义的理论基石。

简单的天、地、人和五行的关系如下：

(1) 金——主西方、白虎之象、金星、秋天、燥、白色、辛味、鼻子、皮毛、肺脏、大肠。

(2) 木——主东方、苍龙之象、木星、春天、风、青色绿色、酸味、筋、眼睛、肝、胆。

(3) 水——主北方、玄武之象、水星、冬天、寒、黑色、咸味、骨、耳朵、肾脏、膀胱。

(4) 火——主南方、朱雀之象、火星、夏天、暑、红色、苦味、脉、舌头、心脏、小肠。

(5) 土——主中央、太一中宫、土星、长夏、湿、黄色、甜味、肉、嘴唇、脾脏、胃。

2. 取象比类，天人合一

这是判断大部分药物入人体脏腑经脉的方法之一；根据药物的形状、味道、颜色判断药物的归经，比如象心、味苦、色红的药物往往入心；象肾、味咸、色黑的药物往往入肾；黄色、味甜的往往入脾；味酸、色青的往往入肝或治眼病；味辛、色白的往往入肺或治皮肤病等等。这些理论根据是从天到地到物再到人体是相互贯通，互为一体，不可分割的天人合一的哲理，也是在实践中得到过长期的检验和证明了的结果。中国中医治病，通过把脉（取象）、望、闻、听、诊就可以准确地判断疾病所发的脏腑部位。所以，四季规律与五色、五味、五脏、五音、五方、五气、五行等等形成了一个天、地、人、色和事物互为一体而又不可分割的天人合一的哲学理论，这个理论从内到外相互贯通，紧密相连，把人和自然规律看成了一个有机体，构成了事物的现象和本质的辩证关系。中医把脉就是应用了五行原理的特征来诊断人体的疾病和脏腑病位。例如：脉玄（直）的，因为木性曲直，所以指下脉玄的是肝胆有病，说明了人是自然界的产物与自然界相互统一。

综上所言：肝脏属木、青色，开窍于眼睛，主筋。心脏属火，赤色，也开窍于耳朵，心属火故舌为心之苗，是人体中最不怕烫的器官。脾脏属土，黄色，开窍于口，主肉，主口唇。肾脏属水，黑色，开窍于二阴也开窍于耳、主骨，主发。肺脏属金，白色，开窍于鼻，主皮毛。**中医理论认为“五官是五脏在外的延伸物”**。每个脏腑都以自己所延伸的机体为主管系统，并与其他机体为整体系统。肝脏生筋生眼睛……肺脏生鼻子生皮毛……脾脏生肉生嘴唇……心脏生舌头，心气通于耳朵……肾脏生二阴（生殖器和肛门）生耳朵生头发又生骨……。把外部器官和内部脏紧密联系，认为外部器官都有它的根源所在，就像树木扎根于土壤，认为内部脏腑是外部器官的根源，并通过实践得到验证。例如，孙思邈《千金方》说：

“兔子和马没有脾脏所以口唇缺而善于奔跑。”脾脏属土，土性重，没有脾土所以善跑。外部器官以内部脏腑为根并都有五行归属且相互统一。根据颜色和取类比象内脏与外部的关系是：肝脏青色属木，它的延伸物是眼睛。肾脏黑色属水，它的延伸物是生殖器和耳朵；眼睛中的瞳孔是肾脏所主是黑色，头发黑色属肾。眼中圈有圆木之象，东方人的眼中圈又有松树树杆的褐色，眼中圈为肝脏所主、属肝木。肺脏白色属金，它的延伸物是鼻子，眼睛中的眼白圈是肺脏所主、属肺，肺脏主皮毛，开窍于鼻。脾脏黄色属土主肉，土是大地的肉，在人体中它的延伸物是嘴唇。心脏红色属火，它的延伸物是舌头，象火苗。

3. 二十八宿与四象

北斗星主要用来指示方向，确定时节。二十八宿的划分主要是：

（1）中国古人将土星的视运动作为依据观测二十八宿，测土星 28 年一周天，土星每年镇行一宿，将赤黄道的恒星群划分为二十八宿。《素问·八正神明论》说“星辰者，所以制日月之行也。”即是如此。

（2）中国古代天学家根据木星 12 年一周天，每年行经一次，自西向东把二十八宿重新划分为十二次。十二次的名称是星纪、玄枵、娵訾、降娄、大梁、实沈、鹑首、鹑火、鹑尾、寿星、大火、折木。

四象沿赤道划分，汉代以前建立了明确的赤道坐标体系，这是中国古代天文学的一大特点，又是一大优点。四象环天一周，每象各分七段称为宿。四季：每季三个月，以二十八宿为刻度，每个刻度的距离是三十六分，合周天一千零八分。《素问·五十营》中说：“天周二十八宿，宿三十六分；人气行一周，千八分，日行二十八宿，人经脉上下左右前后二十八脉，周身十六仗二尺，以应二十八宿，漏水下百刻，以分昼夜。故人一呼，脉在动，气行三寸，一吸脉亦再动，气行三寸，呼吸定息，气行六寸。十息，气行六尺，日行二分。二百七十息，气行十六仗，气行交通于中一周于身，下水二刻，日行二十五分。五百四十息，气行再同于身。下水四刻，日行四十分，二千七百息，气行十周于身，水下二十刻，日行五宿二十分。一万三千五百息，气行五十营于身，水下百刻，日行二十八宿，漏水皆尽。”其中“息”是指一呼一吸，即人一天的呼吸 13500 息，一呼一吸共为 27000。一息脉行是 0.6 尺，即 $13500 \times 0.6 \div 50 = 16.2$（十六丈二尺）。这里将二十八宿与四相结合人体阐述人体气脉运行的医学理论，古人对人体气脉运行的阐述再次说明人与天地为一整体的辩证思想，这个思想非常重要，这种人体气脉运行以及人体穴位的阐述是当今科学仪器都无法测出，可见中国古代中医学的高度发达。

古人根据四季将周天分为四象，每时更一个象限，结合二分二至以定中星，春分昼夜平分，故曰日中，春分点在东方，东方主于青色，东方七宿像苍龙，故曰青龙，代表春天三个月。易曰：“雷以动之。”夏至白昼最长，故曰日永，夏至点在南方，南方主于朱色，南方七宿像雀，故曰朱雀，代表夏天三个月。易曰：“离者丽也。”秋分昼夜平分，故曰宵中，秋分点在西方，西方主于白色，西方七宿像虎，故曰白虎，代表秋天三个月。易曰：“兑正秋也”。冬至白昼最短，故曰日短，冬至点在北方，北方主于黑色，北方七宿像龟蛇，故曰玄武，代表冬天三个月，易曰：“万物之所归也。”

（3）二十八宿与月亮也有着密切的关系：月亮每天停留一个星座，就像人在此居住一宿，太阳日行一度，月亮行 13 度 19 分之 7，古称月行倍离。因此《素问·六节脏象论》说：“日行一度，月行 13 度有奇焉。”

由此可见，中国五方生五色与河图之数不是由人随意编造，而是根据宇宙中的星座、太阳系和行星的运动，结合人体中五脏的气机运行功能和颜色、药物的归经和人体气脉与大自然的季节规律变化相融于一体的自然哲学，是以天道明人事的完整哲学观，并在长期的实践中得到了广泛的应用和论证。这是中国《医易》学中，天、地、人、功能、色为一体的重要的哲学观点。由此可见，中华文明的博大精深，它早就充分揭示了人与自然相互统一，相互区别的伟大哲学思想。

4. 中国古代对五方的命名

《尸子》对宇宙的定义曰："天地四方曰宇，古往今来曰宙。"① 《尸子·卷下》宇指东、南、西、北、上、下六个方位的三维空间。宙是包括过去、未来、现在的时间。所以宇宙是空间和时间的无限统一。

对东方的命名：《尸子》曰："东方"，动也，震气故动。春季万物破土萌发，故曰："动"为东方。《礼记》中曰："春之为言蠢也。"故把北斗指向合于春季青色与万物始动的方向命名为东方。春：班固曰："春为少阳，主东方。"东，动也，阳气动动，于时为春。春，蠢也，万物之生，蠢然而运动。

对南方的命名："秦"伏胜撰《尚书大传》曰："南"，任也，物之方任也。具有任重之象，象征万物成长的艰难，故把北斗指向合于夏季赤色与万物成长的方向命名为南方。

对西方的命名：《尸子》曰："秋"，肃也。万物莫不肃敬恭庄。《说文》中说："天地反物为秋，其位西方。"② 《礼记》中说："秋之为言愁也，愁之以时，察守义也。"秋季为万物牺牲的季节，故把北斗指向肃杀的方向称为西方。

对北方的命名：《尸子》曰："冬"，终也。"北"，背伏也，万物致冬皆伏藏。冬季万物收藏，背伏具有背和潜伏之义。故把北斗指向合于万物归伏的季节与方向命名为北方。

---

① 《尸子》作者尸子、即尸佼，先秦时人。
② 《说文》作者许慎，东汉时人。

在现实生活中，中国人把五方五色与自然规律应用于生活中，以合天道。如司马迁《史记·匈奴列传》中说：“匈奴骑兵在西方，是一色的白马；在东方，是一色的青马；在北方，是一色的黑马；在南方，是一色的赤黄马。”这样做不仅仅是合于天道，而且便于加强部落和军事管理以及其他情况。汉代刘安《淮南子·时则训》中说：春天三个月，北斗所指寅位、卯位、辰位其位东方……天子衣青衣、乘苍龙、服苍玉、建青旗……东宫御女着青衣、衣青采、鼓琴瑟。夏天三个月，北斗所指巳位、午位其位南方，其日丙丁……天子衣赤衣、乘赤骝、服赤玉、建赤旗……南宫御女着赤衣、衣赤采、吹竽笙。季夏之月，北斗指未位，其位中央，其日戊己……天子衣黄衣、乘黄骝、服黄玉、建黄旗……中宫御女着黄衣、衣黄采。秋天三个月，北斗所指申位、酉位、戌位其位西方、其日庚辛……天子衣白衣、乘白骆、服白玉、建白旗……西宫御女着白衣、衣白采、撞白钟。冬天三个月，北斗所指亥位、子位、丑位其位北方、其日壬葵……天子衣黑衣、乘铁骊、服玄玉、建玄旗……北宫御女着黑衣、衣黑采、击磬石（见142页五气经天图的东甲乙、南丙丁……）。”[①]《周礼》中载：有司爟氏为救治流行性疾病，随着四时的变化而改变国火。暮春放出火，晚秋收进火，民众都听从他的。人借助火而后饮食的原因是因为人的疾病寿命长短与之相关。四时钻燧取火，以火作为饮食之用。依照节气用不同的火适宜地为民饮食所用，以火救治百姓四时的疾病。榆柳先于百木而发青，所以春天取火选用它，它的火呈青色。杏枣树木的心赤红色，所以夏天选取它，其火焰带赤色。柞楢的木理发白，所以秋季选用它，其火焰呈白色。槐檀的心带黑色，所以冬天选用它，其火焰为黑色。桑柘的木质发

① 《淮南子》作者西汉刘安。

黄，所以夏末时选用它，其火焰发黄。[1]

今天在我们的生活中并不采用先民们的用火法则，但用火在治理疾病方面起着一定的作用，可见中国先民对五方五色的应用非常广泛。中国古代服饰除了颜色随着季节而变换外，政治家们还根据时代的不同也在不断选择崇尚的颜色，以配天德。可见天人合一的理论对中国人的影响是多么的巨大。

中国古代给五方配五色，给方位和万物的命名是以客观存在结合自然规律和取象、取形、取义、取味、取色等原则进行的哲学和科学命名。尤其是给动物、植物和矿物等事物的命名是非常合理的。例如，理石，就是石中纹理顺，质地稍硬而且有肌的那种，故名理石。金刚石（钻石），能钻透金属玉器，故名钻石。凝水石、消石等等都是取象、取形或取义。动物类如虎，摸拟它的叫声而得命；麝，它的香气远射故命；蚂蚁，它有君臣之义，蚁字从义。植物类例如落雁木，大雁口衔着这种草而得名。柏树，万木都向阳，而唯独柏树向阴，侧枝指向西方不怕杀伐并四季常青，有阴木的贞德，西方白色故名柏树等等。

① 《周礼》周公旦，西周时期的著名政治家、思想家、文学家、军事家。

八　世界气候规律与中国阴阳五行和五脏相生相克的哲学理论

印度和古希腊哲学认为世界的本原是由风、水、地、火四大元素组成。欧洲十七八世纪的机械唯物主义认为物质都是按照机械运动的规律运动的，这明显是这一时期物质概念的局限性。古希腊朴素唯物主义的杰出代表留基伯·德莫克利特的原子论认为，世界万物都是由不可分割的物质离子（原子）和虚空构成，原子和虚空是世界的本原。以上物质的概念很快随着某些元素放射性现象和电子的发现证明元素可以相互转化、原子可以分割推翻了原子的不变性和不可分割性。这些伟大的发现突破了机械唯物主义的物质概念，引起了物理学的革命。马克思和恩格思创立了辩证唯物主义学说，克服了旧唯物主义的缺陷。恩格思说：“实物、物质无非是各种物质的总和，而这个概念就是从这一总和中抽象出来的。”① 列宁对物质的定义：“物质是标志客观实在的哲学范畴，这种客观实在是人通过感觉感知的，它不依赖于我们的感觉而存在，为我们的感觉所复写、摄影、

① 《马克思恩格斯选集》第三卷，第556页。

反映。”[①] 这就是辩证唯物主义的物质概念，它包含着丰富的内容，也是马克思主义哲学的理论基石。辩证唯物主义的物质概念揭示了各种具有不同形态的结构和物质的共同属性，即离开人们的意识而存在的客观实在性。“一元论”的物质概念，即物质总和的概念，基本上说明了物质的概念，这一概念虽然很正确，但还不能很形象地说明物质总和的特征和它无限灵活的创造性。

中国古代哲学克服了世界其他哲学的共同缺陷，一切物质都是由无形的气物质所产生发展和变化的。所以，物质这一概念自然升华成为一切物质的本原——“气”物质的概念总合。中国哲学认为“气”是构成万物的始其物质。这样物质的概念更加现实，更加完美无缺，更加清楚和便于理解。气物质所产生的物质过程从无形到具体有形的形态发展，形成具体并具有五行规律的物质属性，无不贯穿于一切事物的始终。这样不仅说明了物质概念的渊源，而且说明了一切物质演变的原因。我们通过物质的五行规律可以了解原始气态物质的属性，形成了互为统一的抽象认识体系。气是万物的始祖涵括了一切物质概念的总合，中国哲学的物质这一概念绝不是指仅仅能够看到的宏观物质，而是从无到有也就是从肉眼无法看到的微观世界到宏观世界气态物质发展全过程的一切物质的总合，是事物发展变化的一个归属过程，涵括着一切物质形态的产生和发展，绝对不能将它分割看待理解。而且具体形态也只是气态存在，也只有气态存在才符合宇宙事物的总规律。《道德经·四十章》说：“万物生于有，有生于无。”展现了物质从无到有的发展演变过程，说明了气物质在不同条件的不同变现，无形的气通过存在于其中的共性物质随着千变万化的条件而化生物种，体现了气的生万物的功能和特点，揭露了物质世界的奥秘。

---

① 《列宁选集》第二卷，第128页。

气不仅产生万物而且养育万物，从无形到有形贯通于一切事物的始终。中国哲学认为：“气这一无形物质概念是一切有形物质概念之母，本身具有任何实物和种类无法约束能够演变为一切物质的哲学理论，说明了气物质无形化有形的功能和特点。”气的功能和特点说明了宇宙万物和世界的本原来自于“一”，证实了中外哲学的“一元论”理论。由于气的内部运动而产生了一切变化，从虚无一气的运动产生原始太气，原始太气的内部运动产生阴阳（正负）二气，阴阳二气的运动产生能量产生大爆炸，又到大爆炸分化出星云、星系产生天地，再到天地阴阳二气相交，产生气化现象化生出生命。一切物质生命不仅具有原始阴阳对立统一的矛盾运动，而且都具有金木水火土相生相克的五种功能和属性，世界生物链之所以平衡，就是物质世界具有这五种功能和属性的自然作用来自然维持一切生态相生相克的物种平衡链。一切物质都是气的变现，因此，我们可以根据物种生态的平衡看到阴阳五行的气态规律。

《马克思主义哲学·物质运动的客观规律性》中说：“一切具体物质形态的运动并不是杂乱无章，它们都有某种确定不移的基本秩序，这种秩序表明物质运动有其固有的规律性。”“规律就是客观事物在运动过程中的内部的、本质的、必然的联系。”我们的地球被大气包裹着，一切生物在生物圈和水土中生活着，地球上的大气运动并不是杂乱无章，它们确定不移的基本秩序形成了气候运动的固有规律。这种固有规律由地理地形和经纬度的固有而固有。例如：地中海气候、温带海洋性气候。这两种气候总是在类似地中海和西欧的地区存在，说明了地理地形和海拔位置的重要性，这两种气候不可能出现在世界屋脊或于之无关的其他地区。从地球赤道向两极扩展，植物从阔叶林到针业林再到苔原带，说明了物种与气候的密切关系，人并没有特殊于自然界而单独存在，难道人的产生就不受气候的深刻影响吗？一切气候特征都有它运动的固有规律以及形式和内容，因而产生不同的内容和特征，这些不同的气候特征又在地球整体大气的影响下得以存在，同时受地理的影响而多样化；大海、湖泊、沙漠、高山、平原、沼泽、热带、寒带等等地区都有着不同的气候运动特征；春夏秋冬的不同，是因为地球不同轨道运动规律接受日照能量而不同；天气预报的准确，是因为人们越来越能掌握气体云团的固有运动规律。气体云团在地域上空的聚合运动形式表明了它与地域条件固有的密切关系。地域纬度的不同所以有着不同的气候规律存在，气候呈现出不同的属性。

马莳曾说："太极分而为阴阳，阴阳分而为五行。"原始气态分化为阴阳二气，由于不同的地理存在，天地阴阳合气呈现出不同的气态，不同的气态具有不同的属性，而一切气态属性不离于阴阳五行的属性。例如，热带与寒带，象征着火行与水行，而这两种气态相遇又呈现出不同的属性，由于不同地理的影响它们又有着不同。所以，天地阴阳交融之气随着地域条件和接受天阳能量的不同变化而变化，不仅经度气候不同而且纬度气候也不同，同纬度的高原和平原有着不同程度海拔气候的变化，这一切灵活的变化说明了阴阳合气的灵活变现，气的一切变化都包含在五行气态规律之中。气的物质运动构成了具有阴阳五行规律的特征，所以由五行气态规律产生的万物自然保持着物种相生相克和自然维持生态平衡的关系。气的这些自然功能属性构成了宇宙事物的总规律，由这一总规律统辖着物质世界的生生不息和生态平衡。

《素问·天元纪大论》中说：天有五行，主五方之位，因而产生寒、暑、湿、燥、风的不同气候变化。这里说明了无形的气物质在运动规律的作用下灵活变现的特征。所以，阴阳五行规律不仅是一切事物的普遍存在，而且是一切事物的纲纪，通过五行规律又可反馈看到阴阳的作用，阴阳与五行互为一体、互相贯通、相互依存、相互作用、相互统一。世界上没有离开阴阳五行而单独存在的事物，一切事物都是条件与阴阳五行规律的不同变现。因此，个别哲学书中说“中国哲学把金木水火土看作世界的本原”，这是极其错误的。黑格尔说：“造成困难的永远是思维，因为思维把一个对象在实际里紧密联系着的诸环节彼此区分开来。”（《黑格尔·哲学演讲录》）《素问·天元纪大论》中说：“夫五运阴阳者，天地之道，万物之纲纪，变化之父母，生杀之本始，神明之府也，可不通乎！”五运就是金木水火土五气，是说金木水火土五气与阴阳气态是宇宙天地间的统一规律，是一切事物的纲领，是千变万化的起源，是生长毁灭的根本，是精神活动的大本营，难道可以不通晓它吗？

中国哲学的阴阳五行是一个整体概念，是不能分割看待的。没有原始混沌太气就没有阴阳之气，没有阴阳气态就没有五行气态规律。这是母与子与孙的关系，是从无到有的一个过程。

《道德经》中早就说过“道生一，一生二，二生三，三生万物”的连续不可分割性。《易经》中也说“一生二，二生三，三生万物”的连续性。以上的“一”是指原始太气，“二”是由原始太气的内部运动发展为阴阳二气对立统一的气态物质，阴阳二气又和合为合气即“三”。合气三具备五行气态规律，再由合气“三”化生万物，而万物又具有金木水火土五种属性。这些概念都是互为一体不可分割的理论，并通过五行规律的反馈机制检验证明阴阳五行理论的正确性。中国哲学并没有把金木水火土这一单方面的物质形态看作是世界的本原，而是本于阴阳互为一体阐述五行的普遍存在，古老的《易经》、《道德经》系统阐述阴阳合化产生万物的理论，古代大量的养生理论和《内经》的整个医学理论体系都不离阴阳来阐述阴阳合气“三”化生万物的理论，阐述物质的相生相克和五行的功能和属性，这些理论的整个医学骨架都是建立在阴阳五行的功能和属性的基础之上，以此来说明人体与自然界，用以解释大千世界的奇妙统一，所以称之为阴阳五行理论，又通过五行的普遍存在来判断阴阳的神妙。金木水火土原自阴阳合气，阴阳合气原自原始太气，中国哲学并没有把金木水火土这一单方面的物质形态看作是世界的本原，而是一个归属过程，中国哲学很早就明确说明了世界的本原为“一”的理论观点。《素问·阴阳离合论》说：阴阳是有名无形的，它的变化是无穷的，由一可数到十，由十可数到百，由百可数到千，由千可数到万，由万再推演下去，是数不尽的。但是它的根本规律只有一个。因此，中国哲学认为气是万物的本原，万物又归属于气态，把物质的产生、发展、归属、性能和消亡的全过程看作是气运动的必然规律。中国医学《内经》的哲学理论论证了五行气态应该是对具体事物共性抽象的综合思维，而不是简单单纯的金木水火土这五种具体的物质。

中西方文化差距很大，西方和其他国家没有阴阳五行的理论，东方文化对阴阳气态化生五行气态的认识是五种形态，认为阴阳气态化生的万物都具备五行规律和属性。阴阳是气态，由于地理经纬度的不同，天地阴阳气态的风、寒、暑、湿、燥、火这六气具有的金木水火土五种气候特征则不同，这是五方（东南西北中）地域造成的不同气态，因而具有不同的生命含义，地球大气的这五种阴阳合气是生成一切具有五行特征规律的物质基础，而不是五种具体的（金木水火土）的东西。阴阳气态化生万物要通过实地与自然规律的结合而产生五行气态规律来完成。《内经》中应用了大量的阴阳五行学说原理阐述了人体与自然的奥妙。所以，从东方文化几千年的传承和长远的实践论证来看，中国医学对阴阳五行的总结又是非常正确的。辩证唯物主义“绝对运动和相对静止”的认识，对我们认识事物具有很大的指导意义，根据这一认识和中国古代哲学的见解，我们不难得知亚洲、欧洲、非洲都有着不同的气候特征，如亚洲风、寒、暑、湿、燥、火六气与春季生发万物的特征就与欧洲大西洋的温带海洋性气候有着大的差别，与非洲炎热干旱即“阿非加利”拉丁文原意即“阳光灼热”之意又有着更大的差别。这些地理气候的诸多不同，促使了这些不同地区产生各不相同的阴阳二气（气候），各不相同的阴阳二气自然产生各不相同的事物和风俗。董中舒的《春秋繁露》中说“天地之气，列为五行。”①天地阴阳二气化生五行之气，由于天地阴阳二气受不同地域特征的影响，产生不同的运动形式，在一个地区总是体现出主要矛盾和次要矛盾。所以，它化生五行之气的某一行的特征就很明显地显现出来，并成为一个系统。辩证唯物主义认为：“所谓系统，就是由各种要素、各个部分彼此联系而构成的有机整体，每一事物都是自成系统，又和其他事物互成系统。”例如：亚洲四季春夏秋冬气候显著于其他洲，这是亚洲气候的一大特征也是一大美景，亚洲四季以春为首，万物以春为始，天地阴阳二气产生的五行之气的木行之气就很明显，生发万物的木行之气就成为主要矛盾，并且木行的一切特征组成一个系统。因此，春之气使草木开始生长，草木颜色为青色。亚洲的天地阴阳合气所反映出来的事物的五行特征的木行就很清楚。不同地理条件造就了地球各个板块的天地阴阳二气的不同。辩证唯物主义的对立统一规律把一切事物的产生都归结为重要的条件作用，只有有条件，这一点才是无条件的。而条件有着不同的差别，地域条件的限制造成了不同事物的内部运动形式规律而产生不同的五行差别，因而五行规律造就了不同的事物差别，这些五行气态内部的不同运动形式是产生不同物种的根本原因，是事物千差万别的根本所在，事物的不同形体结构特征都是为适应自身的运动形式而产生的。

如《礼记》说：“天产作阳”。有羽毛的则是阳中之阳。不同地带的鸟类有不同的羽毛来调节各自地域的温度，所以羽毛也有不同。因此师旷《禽经》中说：禽类羽毛调节不同时令的温度，不同的地域颜色各不相同。

---

① 《春秋繁露》董仲舒，汉代。

飞禽类得天阳之气多，阳气多而轻浮，因此生羽毛，它的形体就呈现出善于飞翔的结构特征，而天阳之气的多少决定了雄鹰与燕雀的不同。《本草纲目》中说："鸡之所以能够鸣叫是因为它体内鸡冠（鸡冠红色象征火阳）的阳气与凌晨生发的太阳之气相互感应而鸣叫，那些不正常鸣叫的鸡叫做盗鸡应该杀掉不用。"因此，根据无形的气与条件的规律我们不难得知，一切物种在没有产生之前就已经受到天地气态条件的作用而产生不同的内部差别，变现出不同的外部特征。**根据地理条件和气候特征，人种与人种之间、物种和物种之间的差别，在天地原始气态分化时的阴阳合气产生五行之气（金木水火土）的运动特征时就已经根据自然条件产生了内因的差别，这种差别规律在人种产生以前就已经具备了有机物质的特点，这是先有父母而后有子女的必然性规律，一切物种都在遵循着这个必然规律。**因此，只有条件才能创造不同事物内在差别的根本原因，这种原因差别本身具有本质性的稳定作用。《易·序卦》中说："有天地，然后有万物。有万物，然后有男女。有男女，然后有夫妇。有夫妇，然后有父母。"因此，先有天地气态（气候），才有物质人类。物质人类是气候的变现，由于气候大同又不同。所以，物种人类既共同又不同，这些遗传特征难道不是天地父母本身所具有的吗？

《素问·天元记大论》中说："在天为气，在地成形。""气"指气候条件；"形"指与气候密切相关的不同形体特征。人与物种就是这样受不同阴阳合气和五行气态的规律而化生和产生人种差别。**由于地域环境和经纬度的关系，无形之气的运动具有随意适应环境的基本特征，在环境的影响下这一特征产生了气与环境的基本秩序，这种秩序表明物质运动有其固有的规律性。**自然界气候与地域环境相互统一，相互作用，气候运动固有的规律性构成了人物特征的主要矛盾。任何一个事物都是主要矛盾和次要矛盾的统一，主要矛盾处于支配地位，它规定和影响着其他矛盾的存在和发展，并对事物的发展起主导作用。自然界天地阴阳气态作用使地球某一板块天地阴阳之气化生的五行之气总有一行占主导地位，并成为一个系统，这一主导地位是事物发展的主要矛盾。例如，由于地理的不同，使阳光、雨露、雷电、温度、风雪等条件而产生不同的阴阳气态化生不同的物种，从天寒地冻生命稀少的南北极，到温暖炎热物种繁多的赤道，无不体现这些不同气候条件规律差别的特征。进一步说明了气候条件的不同和物种的不同关系。

辩证唯物主义认为："每一事物都是自成系统，又和其他事物互成系统。"在欧洲大西洋温带海洋性气候的影响下（西风），这种气候对人体肺脏有着巨大的促进有利作用，西（西风）方属金，金在人体中属肺脏，由于西风和温带海洋性与人体肺脏相应。所以，人体的肺气旺盛，阴阳气态的金行就强盛，肺金之气就占主导地位，那么属金的肺脏系统就发达，由于金克木的原因，肺金之气发达了肝木之气就自然衰减，肺金制约肝木制约的太过太强就会显现出肺金所主管的系列脏器占主导地位，就以肺金为主管系统的一系列各种器官和现象就会呈强显象出来，肺金之气强盛，而肝木所主的一系列器官就会自然减弱。这种以肺金为主管的系统随着大西洋温带海洋性气候向东延伸的减弱而减弱，人的特征也因此而随之变化。例如：肺金的延生物是鼻子，鼻子呼吸天气连接肺脏，肺在外所主的是皮毛，在颜色上属于白色等等，因为肺脏与西风相合，在西风（大西洋气候）的影响下，肺脏所主的鼻子、鼻音、皮毛、白色等等整个系统特征就显得极为强盛而明显，这是因为肺金的气机与西欧大西洋温带海洋性气候相应，如果肺金之气旺盛了而属木的器官眼睛就会因肺金的克制而下陷（这是金克木的原因），整个木行的所有特征就会消弱，而肺金所主的整个特征就会明显呈现出来，因而白色人种的内因和特征就会非常明显，温带海洋性气候越强白色人种的特征就越明显。气候现象进一步说明了人是自然界及其规律的产物，人与自然规律为一有机整体，强调人在没有化生之前人种的内部因素就已经包含在身体和天地之气中。

《礼记·礼运篇》云“人者，天地之德，阴阳之交，鬼神之会，五行之秀也。”[①]《文子》说：“人者，天地之心，五行之端，是以禀气天地五行之气而生，为万物之主。”由此可知，人是阴阳五行精华之气的体现，根据人种的不同现象能够知道五行之气某一行的主导地位，并能够得知人种所在地的气候特征和其他气候物产规律。

由于五行气态各有其精华和颜色，人又为万物之灵，得五行精气而生的人也必有颜色来反映它的本质；“土之精黄、木之精青、火之精赤、金之精白、水之精黑。”通过以上对人种特征的简单分析，可以知道五行规律在人体中得到的正确验证。这就是自然规律造就事物相克的根本原因。所以，人在没有形成的时候就已经受到了天地、气候、水土、阴阳五行气候条件规律的影响而孕育产生差别和发展进化的，这就给人种赋予了先天不同的内因区别即特殊性的存在，也就产生了不同的根本种别。差别巨大的人种不是无缘无故地产生，全人类也不是一下子就仅仅具有一种外部特征而没有多样性可言，而是符合唯物主义物质的多样性规律和自然界的气候规律，先受不同条件的作用，通过长期的静态酝酿才产生了不同人种的内因差别。有了不同的内部原因，才有了不同的外部特征，人种才有了不同的种别，产生了多样性的人种存在，并以此来说明气物质通过阴阳五行理论的神妙变现。

世界上没有离开条件而产生发展和进化的事物。《辩证唯物主义·对立统一规律》中说“任何事物都处于一定的具体联系之中，它的存在和发展都依赖于周围其他事物的存在和发展”。任何事物的存在和发展都是有

① 《礼记》戴德和他的侄子戴圣撰，西汉。

条件的，都是不得不受其周围具体的、历史的条件的制约。所以，条件创造了人种的本质，没有人种的祖先就没有人种。人种的祖先是自然界阴阳五行气候规律的变现，是不同条件而产生不同的内外差别并以铁的事实而客观存在的，人种的祖先同样没有独立于其他的事物之外而单独存在。从物质规律来看，气的运动并不是杂乱无章而是根据自然界的条件产生和遵循一定的自然规律，这就是阴阳气态的五行规律。在自然规律的作用下随着人种祖先的产生发展和进化，人种的特征进化的更加完善完美。在进化和发展的过程中，人种不同的体质特征进一步成熟，从而进化生出更加成熟的不同人种。因此，任何一个人种的存在，从猿种到人种都是连续不断的进化才有了今天鲜明的人种存在，中间没有任何停顿和替代。否则，从内因到外因，从原因到结果，从现象到本质人种突出而又与自然规律如此贯通吻合，又相互统一的鲜明特征，就不可能一致延续遗传至今。这就是事物的客观实在性；这就是一方水土一方人；这就是天地父母与子女的关系；这就是人本天地；这就是在天为气（气候），在地成形；这就是天人合一的伟大真理。

今天我们用阴阳五行学说对人种研究的破解更能证明中国阴阳五行学说的正确和辉煌。《尚书·洪范》说："五行：一曰水，二曰火，三曰木，四曰金，五曰土。水曰润下，火曰炎上，木曰曲直，金曰从革，土爰稼穑。"①

《素问·阴阳应象大论》中的五行规律不仅说明了人体脏腑与阴阳五行的功能一致，而且说明了人体脏腑受阴阳五行胜克胜复而发生的病变。元气与阴阳是广义的具有普遍性意义，而五行具有特殊性，阴阳可以概括五行，而五行通过反馈机制显现阴阳的作用。因此，阴阳与五行是一个整

① 《尚书》孔丘等，战国。《古文尚书》，已佚。

体概念，是绝对不能分开看待的理论，没有阴阳就没有五行，没有五行就无法反馈阴阳的机制，它们相互为用，相互依存。由于阴阳气态化生五行气态，古人发现天下万物都具有五行规律，是世界万物的普遍规律。

《灵枢·阴阳二十五人》说："天地之间，六合之内，不离于五，人亦应之。"五是指五种气态及其产物，天地之间，六合之内世界万物无不包含五行特征，五行存在于世界万物之中是普遍性的存在。由这些理论我们可知宇宙自然界的一切物质现象，无不包含五行特征规律及其功能和属性。因此，阴阳五行对立统一规律表明物质运动固有的规律性和秩序性，说明了运用阴阳五行思维判断事物的神妙和正确，可以认识到杂乱无章的世界万物统一于阴阳五行的自然规律，认识这一规律才能看到世界万物的秩序性，才能掌握和驾驭世界万物。

阴阳五行理论是中国人千百年来总结的成果，是中国人对宇宙系统的信仰，几千年来这种信仰遍及古代社会科学和自然科学的各个领域，尤其是被医学家和道家广泛应用于现实生活当中，获得了辉煌的科技成果。《庄子·在宥》："吾欲取天下之精，以佐五谷，以养人民。吾又欲管阴阳，以遂群生，为之奈何?"是说："我想摄取天地之精华，用来助长五谷，养育人民。我还想掌管阴阳，来成就万物，不知如何?"这里的"精"和万物，说明阴阳统辖世界是从微观到宏观的统辖，是规律性的统辖。中国人自古就受到阴阳五行理论的影响，无论是生活、军事、农业，还是医学无不受到阴阳五行理论的指导。

中国医学的根源就是阴阳五行理论，中医通过千百年的实践论证，显示了它强大的生命力。《素问·阴阳应象大论》起始就强调阴阳是宇宙之中的总规律，是一切事物的纲领，是万物发展变化的起源，是生长毁灭的根本。由此可见，世界上的一切事物都是阴阳五行规律的变现。阴阳五行的对立统一关系构成了宇宙事物的总规律，所以，一切事物都包含在阴阳五行规律之中，世界上没有脱离阴阳五行规律的事物。一切物质都由阴阳五行的态所构成，尤其是鲜明的人种。人种是天地之灵，最能说明阴阳五行理论的神妙性和事物的正确性。

阴阳五行规律普遍贯穿于一切事物的始终，阴阳五行是事物普遍性与特殊性的无限统一。人为万物之灵，以天地阴阳精气而生，是阴阳五行精华的体现，阴阳五行在人种人体中的论述它最神妙、最合理、最正确、最能说明人种差别的根本原因。由此可知，无形的阴阳五行之气是化生不同有形人种的源泉，这是把《素问·天元记大论》中所说的“在天为气，在地成形”的理论进一步具体化和扩展化。五行是在阴阳的基础上衍化而来，但二者的辩证关系决定了阴阳五行互根的神妙。

根据祖国哲学可知：“宇宙的本原是气。由虚无一气分化为阴气和阳气，阴阳二气的交替作用形成了五行规律和世界上有五行相生相克的物质总规律。”由这一原始气态规律化生阴阳交合的五行气态规律，形成了世界上所有物质以各自阴阳交合规律繁衍生命和五行相生相克规律完成物种相生相克的生物链平衡状态以及生命的健康状态。所以，世界上一切动植物的繁衍和物种的相生相克无不是阴阳五行气态规律的统一再现。无论是动物世界的微生物、昆虫、鱼类、禽类、走兽，还是植物之间或动植物之间的互相克伐，还是药物（金石草木动植物）的有毒与无毒、升降与沉浮、相使与相畏、相恶与相杀、攻急与缓和、寒药与热药等等无不是阴阳五行气态规律变现的内在斗争运动。由此可见，阴阳的对立统一是宇宙的总规律，这一总规律贯穿于微观世界至宏观世界的始终。

自然界的春生、夏长、秋杀、冬藏也是五行规律的体现。因此，运用阴阳五行思维，才能把杂乱无章的世界万物从无序理向有序。所以，五行规律不仅生养万物，而且使自然界具有物种互相平衡的协调功能。《易经》和《老子》不仅主张万物来自于一个本原和发展于一个本原的宇宙演化理论，而且肯定阴阳是产生万物的必然环节，由于阴阳的对立统一，由阴阳构成的万物自然存在着根源相同、共性相同、结构相似、规律相同。从宇宙中的一切基本粒子质子、中子、电子、超子、反超子到宏观世界一切动植物和人的精卵无不是阴阳雌雄对立统一的变现。所以，《易经·系辞》说："一阴一阳之谓道。"可见，**阴阳统辖一切，是规律性的统辖，又通过五行规律的相生相克平衡一切。否则，一种事物超级发展的结果就不可能产生众多的物种现象和生命奇观。**阴阳五行规律的对立统一使宇宙暗藏着的光辉得以显现，一切微观和宏观无不遵循阴阳运动的总规律。阴阳相合焕发出光明，产生出生命，化生并繁衍物种，使宇宙事物生生不息，阴阳是一切事物的纲纪。进一步证明辩证唯物主义："物质形态的运动本身具有固有的规律性的理论。"由于阴阳是万事万物的父母，是宇宙的总纲纪，所以《庄子·天下》说"《易》以道阴阳"。《易》演绎说明着阴阳，所以，汉代魏伯阳的《周易参同契》说"易统天心"。

由此可见，阴阳五行理论的光辉，只要人能认识这一规律就好像如醉之解，如梦之醒，明于阴阳才能统帅和驾驭世界万物。《素问·宝命全形论》中说："人生有形，不离阴阳，天地合气，别为九野，分为四时。"可见，人与万物无不是阴阳气态规律和地理方位五行气态的变现。五行是阴阳的产物，也是阴阳气态运动发展变化的必然规律，是阴阳关系的延伸和展开，阴阳是五行的源泉，是对五行生克胜复的更高概括，阴阳五行规律的对立统一说明了宇宙事物的发展不离于五种气态的属性。

《尚书·洪范》说："五行各有其性：木有外物之性能，金有内敛之性能，火有上炎之性能，水有润下之性能，土有静止之性能。"由于古代中国的先哲没们总结了宇宙的总规律，用气概括了阴阳五行理论产生一切物质概念的总合，包括人的产生、发展和消亡。《关尹子·二柱篇》说：我的身体由金木水火土组成，而这金木水火土又总结为元气。所以，我们不难得知："宇宙世界万物行气之义，没有超越五行规律的性能与作用的事物存在"。由此可见，五行归属阴阳气态，阴阳气态归属原始气态。所以，隋萧吉的《五行大义·论相生》中说"五行同胎而异居"。因此，世界一切物质都是气物质的不同变现。阴阳气态是事物运动变化的源泉和总规律，不同的气候出产不同的物产质量，说明了气物质的灵活和无所不能的生发理论。我们能够通过人种特征来窥探地域阴阳五行气候的特征，甚至可以通过物质质量和特征来识别它的出产地，这说明了人和物质都统一于自然界。老子的"万物负阴而抱阳，冲气以为和"，《内经》中"九星悬朗、七曜周旋"，这里的冲、悬朗、周旋说明了世界万物处于永不停息的运动变化之中，把阴阳运动的内在动力看作世界万物变化的源泉。如：《素问·天元纪大论》说："阴阳相错，而变由生也。"由于万事万物的源泉——阴阳气态双方作用与反作用力量的运动，推动了宇宙世界从宏观到微观一切物质永恒的物质运动和发展变化的总规律，也由于气运动的这一总规律构成了一切物质的产生、发展和消亡的全过程。明确指出：阴阳对立统一是世界万物的总规律，是事物运动、发展，变化的源泉。因此，阴阳气态物质之间相互吸引，相互排斥两个方面的相互作用、相互斗争、相互统一，相互为用的运动规律，构成了宇宙物质阴阳对立统一和世界运动变化的终极因素。

正如恩格思所说："相互作用产生运动"。所以，世界万物的千变万化、错综复杂无不是阴阳气态物质范畴的演绎说明。因此，阴阳总统乾坤，驾驭世界万物，既是万事万物的父母，也是万事万物的归属；既是千变万化的统一，也是五行生克规律的源泉。阴阳两个方面相互依存、相互斗争、相互统一，相互为根促进了事物的发展变化。由于阴阳是万物的纲纪，是宇宙事物的总规律，阴阳五行贯穿于一切事物的始终。所以，阴阳五行理论，对于人和自然界及其一切事物都具有普遍的指导意义。因此，

《素问·病传》中说："明于阴阳，如惑之解、如醉之醒。"根据中国哲学学说和近代唯物论我们不难得知，所有人种和一切物质都有着一个共同的始祖——"元气"。只有元气的内部运动才能分化产生阴阳二气，不同地域产生的阴阳合气，才是化生物种差别的根本。

《周易》中提出"天地絪缊、万物化醇。"絪缊，是指太阳照射于大地形成天地阴阳交融时的气态现象。这一现象随着地球经纬度的不同变化而呈现不同的气态变化，因而事物产生不同的内部运动形式。醇，是指由阴阳交融的气态而产生的有机化合物一类的精微物质。天地阴阳交融之气是随着地域的不同而产生不同的变化，是随着经纬度的变化而变化，因为有了不同条件的变化才有了不同的运动形式，产生了不同的阴阳合气。所以，才有了事物自身不同的内部运动形式，因而也就造就了不同的物种现象。

所有人种和物种的化生都离不开地域区别的阴阳合气与大地这个共有之数，不同的地区有不同的阴阳合气。《易经·乾卦·象传》中说："乾道变化，各正性命，保合大和，乃利贞。"是说天的法则，变化无穷，阳刚与阴柔交互为用，使万物生生不息，各自禀持天赋的本性发育成长，保持阴阳和谐的法则，才能够各自适当适宜环境而成长。这里的各自、天赋、本性说明了先天赋予物种的本质，不同地区的特征和不同的运动形式是赋予先天物种的基础。因此，地理位置不同则气候不同，气候不同则影响物产不同，同时土壤也受到不同程度的影响，土壤随着气候带的不同而不同。例如：热带雨林降雨量大，在雨水的长年冲刷下带走土壤中的有机物质，使土壤成为红色的砖红土，热带草原则为红壤和黄壤，而温带草原为典型肥沃的黑钙土，南极和北极几乎没有发育的土壤。所以，地理和气候相互影响、相互作用、相互统一而形成不可分割的有机统一体。因此，人种和物种都有着几乎相同的母亲——大地，却有着不同的父亲——气候，这就使得全人类不仅有着大地赋予的共同形体而且有着上天赋予的不同特征，即具备不同五行规律特征的天地阴阳合气。所以，地域性和条件性创造了人种，这就是“在天为气，在地成形”。因此，“人本天地”是本于阴阳五行，本于自然规律。人类是普遍性存在，人种是特殊性存在（具备五行特征规律）。

在我们的星球上一切物种形成了普遍性与特殊性的无限统一，而各色人种鲜明地反映着我们地球的不同地理气候，所有人种最终完整地反映了地球和宇宙的全部完整信息存在。人种是对亚、欧、非三大板块阴阳五行气候规律的一个反映，反映了不同肤色人种的地域性和气候性也即特殊性的规律差别，而全人类又是对整个地球所有人种阴阳五行气态的综合反馈。通过全人类人种的现象，又能反馈地球整体气候特征所具有的阴阳五行规律，这是对全球阴阳五行气候的最高概括。阴阳概括五行，五行又能反馈阴阳的机制。通过人种存在证实了阴阳五行规律存在于天地宇宙之中，从而了解我们这个椭圆形星球和宇宙其他星球应该具有宇宙信息的完整性和完美性规律的存在，并由此推理出宇宙所应该具备的一切完整性和完美性的理论存在于宇宙天地和一切事物之中。圆形的地球本身具有圆满之义，这真是“明于阴阳，如惑之解，如醉之醒”的神奇世界。由于阴阳理论博大精深，道家为阴阳理论的改造作出了重大贡献。所以，《庄子·天运》才记载了孔子向老子请教阴阳度数的伟大事迹。人为万物之灵。因此，人种是我们认识地球母亲和宇宙自然界的一个哲学和科学依据，也是我们透过现象看到本质的一个重要依据，这充分说明宇宙和它所包含的所有自然界之间具有全息理论的完美性和完整性的哲学理论，也说明了人种和自然界是可以被认识的唯物主义观点，宇宙世界是能够完整启发人类思维的美妙世界，是一个包含了所有互相关联而又完美神奇的大千信息世界。

五行归类：凡事物的功能、事物的动态属性相同、静态属性的相同，行为彼此相互作用、相互影响、相互反映，都可以成为一类。例如东方、草木、青色、酸味等等均可归为一类。所以，人也有五行之态的自然规律组成，心红色主动属火，肝青色属木，肺白色属金，肾黑色属水，脾黄色属土等等。从外部看，鼻子主呼吸连肺属金、眼睛属木属肝、舌头属火属心、口属脾属土、耳属肾属水等等。

五行生克：木生火，火生土，土生金，金生水，水生木。木克土，土克水，水克火，火克金，金克木（见图8）。

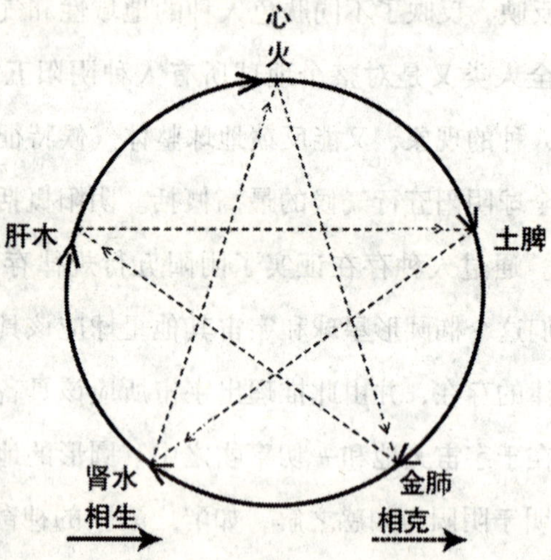

图8　五行五脏相生相克图

墨子说："五行不仅仅是简单的相生相克。"如木克土、土克水。生者又逆以相克，相生以为克，相克以为生，生生克克，变化无穷。五行是五种象、五种态、五种形，也是指事物运动的基本动向。它有广义与狭义之意，不能只以简单的内容去认识和应用它。

中医理论浩如烟海，在这里省去气穴、经络、骨骼等理论，简述五脏生克的关系，这对人种的破解至关重要。人体五脏相生相克以子母而言，肾气生肝气，肝气生心气，心气生脾气，脾气生肺气，肺气生肾气。以克言之，肾气克心气，心气克肺气，肺气克肝气，肝气克脾气，脾气克肾气。肾水克心火，为肝气之母，又为肺气之子，被脾气所克。肝气克制脾气，为心气之母，又为肾气之子，被肺气所克。心气克制肺气，为脾气之母、又为肝气之子，被肾气所克。肺气克制肝气，为肾气之母，又为脾气之子，被心气所克。脾气克制肾气，为肺气之母，又为心气之子，被肝气所克。以下将《白虎通》中的解释作为参考。①

《白虎通》中说："木生火者，木性温暖，火伏其中，钻灼而出，故木生火。火生土者，火热能焚万物，焚而成灰，灰可归土也。土生金者，金居石（矿石），依山津润而生，聚土成山，山必生石。金生水者，少阴之气润泽，流津销金，亦为水，所以山云而从润，水生木者，因水润而能生，故水生木也。"

《白虎通》云："木克土者，专胜散；土克水者，实胜虚，水克火者，众胜寡；火克金者，精胜坚；金克木者，刚胜柔。"

---

① 《白虎通》班固，东汉。

九　中国医学在实践中对阴阳五行五脏五色的验证

人是自然界的产物，人体机能和自然界相互统一。因此，中国医学诊断疾病是取象于天地自然的法则，通过望、闻、问、切来发现病人的疾病。《素问·脉要精微论》是以春夏秋冬的不同而不同。病脉以阴阳五行五脏在人体脉搏上取象于五行特征来诊断它的发病部位，如：木性曲直，指下感觉像木一样直的脉象就是肝脏有病。火性炎上，指下感觉像火一样洪大就是心脏或血液有病。肾脉如水流动脉滑或沉就是肾脏有病，肺和大肠反映的是涩脉等等。其次，根据面上五脏对应五色的颜色诊断疾病所发的脏腑：青、赤、黄、白、黑五色分别对应肝、心、脾、肺、肾五脏，以此来诊断疾病部位。五行五脏相生相克。除相生外，五行五脏的制约还表现在：肝制约脾，脾制约肾，肾制约心，心制约肺，肺制约肝。制约太过超越了它的限度就会出现超越适中的范围。

众所周知，皑皑的白雪景观可以导致雪盲，这是金克木（眼）的原因；金属于白色，眼睛属木，这是金气伐眼木之气导致的目盲，五行的相生相克也由此可以得到验证。几千年来我国历代名医将天地人结合阴阳五行相生相克的规律，通过实践与理论的不断证明，验证了中医天人合一理论的无限正确性。

在司马迁《史记·扁鹊仓公列传》中记载了淳于意根据人体脉象诊断疾病和判断病人死亡的时间是非常的精准。如：济北王的侍女名叫竖的女子伤了脾脏。淳于意说："病得很重，到了春天会吐血而死。"第二年春天竖捧着剑随王上厕所时，吐血身亡。这是因为春天属木，木气盛，而脾土病是不能胜木气，是木克土，所以死在春天。淳于意到齐国，看到齐国丞相的仆人脸上有黄色，就告诉叫平的宦官说："到明年春天这位仆人将泻血而死。"第二年春天果然病重，四月泻血而死。这位仆人由于平时顺养天性，精神愉快所以拖延了一个季度而死。齐国叫破万的肺脏病得很重，淳于意诊断后说："他将死在丁亥日。"几十天后果然死于丁亥日。丙丁属火，是火克金，所以死在丁亥日。

诸如此类的名医之案在中国历史上举不胜举。《灵枢·经脉》说：手太阴肺经脉气枯竭，皮毛就会枯焦。这种病丙日危重，丁日就会死，这是由于肺属金，肺主皮毛，所以皮毛枯焦，丙丁属火，火能克金的缘故，所以丙日危丁日死。手少阴心经脉气枯竭，病人血脉不通，面黑如黑色的柴禾，这是由于血先枯竭了。这种病壬日危重，癸日就会死，这是由于心属火主血红色，壬癸属水，是水能克火的缘故。足太阴脾经脉气枯竭，血脉就不能送达口唇，最后肌肉舌头枯萎，口唇外翻。这种病甲日危重，己日就会死。这是由于脾属土主肉，甲己属木，木能克土的缘故。其余脏腑依此类推。李时珍《本草纲目》和葛洪《抱朴子》中都说：在动物中燕子在戊己日不衔土筑巢，因为戊己属土而不动土，有时动物在某一事的功能上是很灵敏的。阴阳五行生克原理在几千年的医学实践应用中显示了它强大的生命力，充分地证明了中国五行、五脏、五色等理论和中医学天人合一理论的正确辉煌。

在八卦图中，运用八卦理论阐述五方与五色的卦象，来说明五行与阴阳的关系，从理论上建立了严密而又灵活正确的理论依据，并把它应运于医学、军事、天文等众多的科学领域。阴阳五行理论在养生领域运用的非常广泛，在几千年的养生理论书籍中，没有离开阴阳五行理论而建立养生之道的。把天、地、人，自然界和阴阳五行规律结合起来使人和自然融为一体达到崇高的道德修养和长生的目的，是中国人追求的崇高目的。《周易》是以阴阳爻来阐述宇宙和世界万物的变化，它以最简单的文字来概括阴阳对立的统一变化。当代的电子计算机二进制就是根据它的阴阳爻而创造的。(见《莱布尼兹全集》) 阴阳爻促进中国的数学为发展，驰名世界的《周髀算经》和《九章算术》与《易学》有着密切的关系，中国阴阳学往往与天文学和数学结合，这样大大促进了中国天文和数学的发展，这也是居于世界领先地位的重要原因之一。

十　中国医学理论在实践中的灵活应用

中国古代的先民各种条件和生产工具相对落后，在这种条件下根据中国哲学和医学理论对药物的颜色、味道、形状来综合判断药物进入人体经络，从而观察取得治疗疾病的效果，以进一步检验和发展天人合一的思想理论以及检验药物效果，更进一步完善医学理论。如：青色的物质禀承了木之精气，赤色的物质禀承了火之精气，白色的物质禀承了金之精气，黑色的物质禀承了水之精气，黄色的物质禀承了土之精气。青色、味酸、形状像肝或具备二者或三者具备的物质普遍进入肝脏，治疗肝脏疾病或清肝明目一类的疾病等。赤色、味苦、形状像心或具备二者或三者具备的物质普遍进入心脏，治疗心脏疾病或血液等疾病，黄色味甜的药物普遍进入脾脏用于补脾或解毒等等，其他药物于之相同都可以以此推类，这是指普遍性而言。这就叫做同气相求。

鹖冠子《奉录》中说："味者气之父母也"，是说味道是气的根。凡是一切药物还要结合当地实际情况进行具体分析。中国有神农尝百草之说，古代的哲学家和医生就是依据中国哲学理论和天人合一的理论对几千种药物用实践进行了验证和治疗，取得了非常正确的理论认识，写出了浩如烟海的医学著作。这是经过了几千年漫长岁月的医学实践证明的辉煌成就，也是经过了几千年一代代人的实践—认识—再实践—再认识的反复论证，才得到来之不易的真理论证。

《内经》中说：草有五种不同的颜色，而这五色的变化是看不尽的；有五种不同的气味，而这五味的美妙变化也是不能穷尽的。这里所说的变化是指各种色彩深浅程度上的变化，并不是指本质上的色彩混合变化，否则草的颜色无法分辨，即便是一种植物有多种色彩，这也是清晰可辨的，掌握了根本才能明辨事理。凡是理论都不可生搬硬套，具体问题具体分析才能够灵活具体的应用辩证法。对中国自然哲学在实践中只有灵活应用，才能够成为优秀的哲学医生，诊治于世界和人类，才能真正的造福于人类，醒悟于世界，明白于事理。

中医理论经过了漫长岁月的证明，并被应用于实践中，为我们服务了几千年，对这个理论要灵活应用。这就如同中医理论中的，“左肝右肺”，这个问题曾一度造到一些中医学和易学文盲的攻击，说中医理论没有解剖知识。我们可以通过《内经》知道中国中医理论在几千年前对人体气穴、骨度、肠度、五脏、人体气脉运行等内脏和外部疾病的表现以及治疗论述的淋漓尽致，它的详细和完备是今天的解剖学都难以达到的。“左肝右肺”，不是指形体的部位而是指人与天体自然规律和人体脏腑气息相应的位置既在河图八卦中人体与自然规律相应的位置（见图9）。这也是指在太极这个公式图上的位置，因为太极八卦图是取象于宇宙自然的哲学，它包含了宇宙的自然规律，“左肝右肺”说明了人与自然相应的位置，是天人合一的哲学思想。

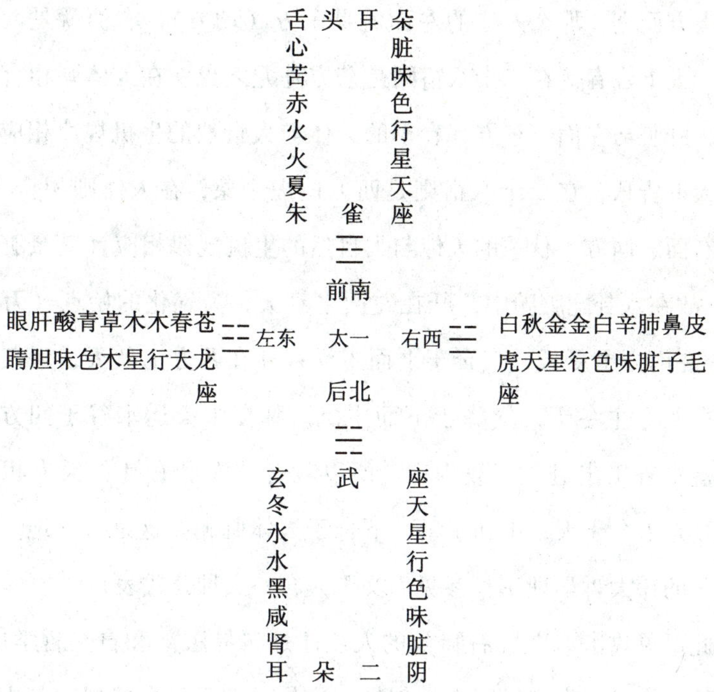

图9 人与自然相应图

《内经》中说：“圣人面向南方而立后面叫做广明。”《易经》中说：南方也是人自然面对的方向。面向南方而立，由于黄道和地球磁极的情况，北半球的人们筑房面向阳（南方），南方属火，阳光充足有益人们的健康少患疾病，阴面易病。北半球人们的建筑面南背北，也就有南方是人自然面对的方向。因此，就有面向南方而立之说。近代研究表明受太阳风（太阳耀斑的爆发，大量能量包括高速粒子以波的形势释放而出）及地球磁场的影响所形成的地极光（放电现象）对生物也有一定的干扰，说明地球磁极对生命的影响是大的，而地球磁场是一个由北向南的方向。人们在长期的社会现实生活中早已对自然环境规律和自身健康有了丰富的经验性认识，自然而然地顺从于自然规律，以适应自然界与人的生活习惯。人自然面向南方而立，那么人体的左面就是东方（动方），右面就是西方。北斗东指、天下皆春，在二十八宿则是东方苍龙之象，在人体则相合与肝脏的气机，肝脏与左面、东方、春季的天体与大自然的生机规律相应。北斗西指、天下皆秋，在二十八宿则是西方白虎之象，在人体则相合于肺脏，肺脏与右面、西方、秋季的天体与大自然的生机规律相应（其余脏腑以此类推）。故在八卦配脏腑中，肝在左面主春天，为气化的始点（万物生于春）；心在南方主夏天，气奔于上而主浮；肺在西方主秋天，为气化的终点；肾在北方主冬天，气降于下而主沉；脾在中央运水谷于四方，故为使。胃盛水谷出出进进，故为市。所以就有“左肝右肺”天人相合的理论。这真是上合于天，中和于事，下合于人体脏腑。这是天、地、人三者合而为一的伟大哲学理论（参见后文天人合一人种公式表）。

由此可见攻击“左肝右肺”的人往往是《易医》和自然哲学的文盲，这些人给人类文化带来过巨大的创伤，这是不知天地自然规律与人体相应的哲学理论，就像井底之蛙，无法和他谈论大海。所以，《易》在无知者面前显得荒谬，在圣智面前显得光辉。《内经》云：“圣人易语，良马易驭，明君易辩。”一代名医孙思邈说：“不知易者，何以为医。”说的就是取象于自然的法则而不被于拘泥，这才是掌握了《易医》这个变化规律，才能将它很好地应运于实践当中。而医者，不仅仅是治疗百姓的疾病。所以，孙思邈的《千金方》中说：“上医医国，中医医事，下医医病。”

十一　自然界的最高生物——人

生物包括微生物、植物和动物三大类。这三大类生物构成了地球上生生不息的生命现象。在自然界生物进化的漫长历史中，生物界的演变经历了从简单到复杂，从低级到高级的发展过程，最后才出现人类，人类最后的出现说明了最精华物质发展过程的复杂演变。人是“阴阳精气”的产物。“阴阳精气”本身具有一切气物质所无法超越的基础而凌驾于万物之上，由“阴阳精气”产生的人类自然超乎一切物质之上，说明了人类在产生以前就已经具备了精灵之气，由这一物质发展的人类必定无限灵敏，无限伟大，本身具有其他事物无法逾越的物质基础，而其他动物悠久的发展进化史，恰恰说明了具有一般精气的发展功能，印证了气与“阴阳精气”的巨大差别。《素问·宝命全形论》言：“天覆地载，万物悉备，莫贵于人。”“万物悉备”和“莫贵于人”强调了人在自然界中高于一切生物，人是最宝贵最重要的生命现象。

《素问直解》说：“人超乎万物之上”。说明人是万物之灵，最为天下贵，贵在思维和创造。清代张介宾《类经·针刺类九》从医学方面说明了人体是自然界中最精华的“阴阳之气”的有机结合。人是自然界中综合能力最强，机体结构最高级、最复杂、灵敏性最强、思维能力最丰富的生物。人不仅能够主宰他物而且对天地宇宙间的一切事物都能够永不停息地探索追求。人类不仅在改变着世界环境和自身的生活变化，而且源源不断地创造出灿烂的人类文明，在宇宙间绽放出生命智慧的光芒。人类对宇宙的认识和探索具有不断改变人类生活的趋势。由此可见，人类这一物质精神存在，具有无限的创造潜能。因为，人本身具有无限的认识能力、创造能力和发展能力。当代科学技术的突飞猛进和日新月异无不说明人的这一本能。

再看人从原始狩猎时期到新旧时期的工具发展，再到今天人类的高度发达无不体现人类社会成为高度智慧的必然结果，无不体现“人超乎万物之上”的精神存在。人能认识规律，并能利用规律为人类造福，人类的认识是有限与无限的统一。《灵枢·玉版》指出：“且夫人者，天地之镇。”镇即主宰、重也之意。人这一高等智慧生命的表现说明了“阴阳精气”这一最精华物质具有的特殊运动方式，人体的结构特征和运动方式具有得天独厚的优势，是一切生物与之无法相比，人的机体组织具备产生高级生命活动和思维精神的物质基础，这一基础决定了人的高级运动形式超乎万物之上。人有着最复杂的运动表现形式，人能够会意表达和语言思维表达并且具有多样性的神机反应，具有其他生物与之无法相比的独一无二的判断性和创造性。人最突出的特征就是神机的表现和思维意识的能动作用，人的各种神机运动都能表现得极其丰富，他的喜、怒、哀、乐、爱、憎、歌、恐、厌、慌、祟等思维意识，通过灵敏的神机表现把心里感情活动反映的淋漓尽致。并且人们对他人的复杂心里和行为举止都能够窥探发现，还可以反映虚假和所需要的一切神机表现。可见，人的神机最能深刻表达反映复杂的心里变化，具有灵活无限地表现性。这些复杂而又极其丰富的心里神机变化超越了一切生物之上。

在中国医学中把天下生物分为五类。王冰注《素问·五常政大论》注语中说："天地之间有生之物五类也。五类谓毛、羽、倮、鳞、介也。张介宾说'毛虫三百六、麟为之长；羽虫三百六；凤为之长；倮虫三百六，人为之长；鳞虫三百六、龙为之长；介虫三百六，龟为之长。"这五类动物中倮虫身不披毛、羽、鳞、介，是最高级的，而人又是倮虫中最高级的。因为，人的脑容量与身体比例是所有动物中最大的，也是最合理、最高级、最复杂的。人的无限神机明显高于其他动物，人活动的最突出特征就是认识事物，明白道理，可以建立起理论体系，人能够认识自然，认识事物，认识规律，利用自然规律，能够制造工具和使用工具，能够发明创造出人类所需要的各种工具需求，并用语言、文字，数理来记录和探索宇宙世界的一切领域，能够开发利用自然界乃至宇宙空间的物质资源，人类的发展是有限与无限的统一。人的生产方式、军事战略、生活方式、政治哲学、意识形态等等无不体现宇宙世界最美的花朵——思维着的物质精神运动，这一运动构成了人与一切生物的天渊之别。因而，人的一切行为具有认识性、探索性、目的性、预见性、创造性和欲望性。这些本能性的性质不断促使着人类社会各项事业的突飞猛进和蓬勃发展。

从人类利用资源来看，人类能够开发利用一切矿藏资源和动植物资源，改变着其他物种的生存条件。无论是动物、植物和矿物均受到人类社会的广泛应用，从宏观到微观，人类在利用一切可以利用的物质资源，人类不仅对这些资源的利用都能够加工到极其精巧的工艺制品和科技制品，而且对一切资源的发挥利用都具有理论性的指导说明，建立起了理论性的认识体系和发展体系。因而，人对万物的主宰不仅是认识性的主宰，而且是理论性的主宰，是文字、数学记录和理论指导性的主宰。因此，人超乎万物之上是智慧性的超越，驾驭他物是理论智慧性的驾驭。人类早已认识到对资源的大量利用给人类社会和生态环境带来的严重灾难，在自然灾害的教训和反醒下，人类对生态生物链和自然界的关系有了进一步的认识，提高了人类对自然界的全息观认识，人类对全球资源和核能的限制管理是对环境生态和人本身的爱护和管理。因为，生态本身对人类社会起着很大的反馈作用，这一作用体现着人类对生态的高度认识进程。所以，人与自然生态存在着相互制约的关系。人为天地万物之灵，主宰着万物，有限的万物资源和生态环境对人类也有很大的反馈影响作用，这就要求人与自然必须和谐发展，才能保持人类生存与生态的平衡关系，使人类主宰万物升化为具有哲学意义和政治意义的主宰，这一主宰使人类更加具有逾越性的最高理念，人类的这些认识，无不体现“人”这一最高生物比其它生物更高级更复杂的生命活动和思维能力。因此，人是自然界最高的生物并主宰着他物。

十二　世界各人种的特征

首先我们看一下世界地图中的人种图。人种图告诉我们，世界人种的分布是很有规律的，各大洲的人种都依次很有秩序地分布开来。2000 年《世界通史》载："非洲中部赤道地区的人又黑又亮，随着两边纬度的递增，颜色和亮度随着递减。从欧洲到中东随着经度的递增，人的鼻梁不断地递减，肤色不断地由白色接近为黄色。"亚洲到欧洲随着经度的递减人的鼻梁和颧骨不断增高，皮肤不断地由黄色变为白色，眼睛不断地凹陷下去并由黑变蓝，体毛不断地增多等等特征出现，头发则由黑色逐渐变为金发。而非洲从最炎热的赤道中部开始人种又黑又亮，随着赤道纬度的增加肤色和亮度越来越浅（其他特征依次类推）。欧洲到亚洲人的鼻梁和颧骨随着经度的增加不断地递减，眼窝不断地突起，肤色由白色变得越来越黄，体毛越来越来少，其他特征也相应变化。

人种是这样，在我们的世界上一切物质都在遵循着这个自然规律。例如：植物由南方的阔叶林到北方的针叶林再到北极的苔原带，叶子由宽逐渐变小变为针业林，直到苔原带的形成。动物也从猩猩、猿和鸟到北方的松鼠、紫貂、北极熊等耐寒的皮毛类动物。

在哥伦布到达美洲之前各人种的分布最具规律性，欧洲航海大发现和殖民时代改变了一些人种的分布。如南非的白人区和马达加斯加岛为黑黄混血区，美洲的人种变化和亚洲的西伯利亚延伸到库页岛的白人区等等。在古代，原始人种的这种规律性分布更加具有规律性、科学性和哲学性。这种最具原始固有的规律最能够说明自然规律造就人种和其他物种所具有的物种特征与自然规律相合相统一。

由此可见，人和万物的产生都遵循着大自然的规律，没有脱离自然规律而单独存在的事物。人是地球的一员，不可能独立于这些事物之外而单独存在。所以，人种、物种与自然规律都是相互统一而不可分割的，人同样遵循自然界的规律的规律而产生和进化自己的地域特征。因此，孔子《家语》中才会说："观其人，皆知其天地之理。"

所以，人与物种和自然规律本身就是融为一体的，每个物种都遵循自然界的规律和法则生生不息地产生和进化，都遵循普遍性与特殊性的自然规律而体现它伟大的真理所在自然规律无私地告诉我们自然界造就万物的奥妙。因此，人种的多地域起源以铁的客观事实而存在着，它充分地说明了哲学和科学的统一性和正确性，同时也更进一步证明了"一元论"与世界无限多样的统一规律。

黄色人种（蒙古利亚人也称东亚人，远古亚洲人是青色人种）的故乡在亚洲，现代主要分布在东亚、东南亚、美洲（纯种印第安民族也是黄色人种）。

黄色人种的特征是：皮肤呈黄色、古铜色、黄白色，新生婴儿后背和臀部有青迹（蒙古斑或称中国青），嘴唇不厚不薄，发形黑普遍直、眼色深，多呈黑色或褐色，颧骨高突、面骨扁平、内皆皱壁和铲形门齿出现率较高。铲形门齿在现代黄色人种中出现率高达90%，其他人种最高不超过5%（不排除人种之间的混血），头部与枕骨之间有印加骨。印加骨在现代黄人中出现率最高。头顶中央有矢状脊（多数早期西方智人无矢状脊），体毛和胡须稀疏、血型B型多于A型。头近方形，鼻子较平等等。这些都是亚洲人种的种根，也是最基本也是最稳定的特征。

白色人种（欧罗巴人也称高加索人）的故乡在欧洲，现代主要分布在欧洲、美洲、大洋洲以及北非、西亚和南亚以及西伯利亚部分地区。

白色人种的特征是：皮肤白皙，颧骨高突，眼窝深陷，大高鼻子，头发浅色，眼珠多为碧蓝色或灰褐色，一部分人是金发碧眼，嘴唇明显较薄，尤其是上唇较薄，体毛繁茂发达。

黑色人种（尼格罗人种也称韦陀人种）的故乡在非洲，现代主要分布在非洲以及美洲。欧洲殖民者入侵美洲，对印第安人进行空前的大屠杀，使印第安人大批地死亡。为了补充劳力的不足，又从非洲贩来大批黑人奴隶。造成了拉丁美洲人种结构的异常复杂。

黑色人种的特征：肤色纯黑，赤道地区的人又黑又亮，随着纬度的增高肤色也就越浅，头发短而卷曲，鼻子宽大，四肢较长于其他人种，体毛稀疏，嘴唇又厚又大并且凸出外翻。

棕色人种（澳大利亚人种一部分人显红棕色）的故乡在大洋洲的一些岛屿上。有些书中只说是生活在大洋洲而具体不说澳大利亚，这是学术上的问题。

棕色人种的特征：肤色为棕色、棕黑色，头发直或呈波浪形，额头与下颚突出，眼睛深凹，鼻子扁平，嘴唇厚，但不像黑人那样外翻。有些学者因黑人和棕色人种有些相似，将他们也划归为黑人，但又有很多不同又将它叫澳大利亚人种。这又是在人种划分上的问题。从理论上来讲赤色人种“赤如鸡冠”也就是说红得像鸡冠，很可能说的就是棕色人种。现代对棕色人种和黑色人种的划分不够明确，说明了纯种的棕色人种基本上已经消失，现存的棕色人种混血很多，人种特征混肴，很难有标准来破解，只在人种公式表上有所解释，所以，我只对公认的三大人种进行破解。

黑人与棕色人种虽然没有严格的界限，但二者的现象也是从本质上反映出来的，这是根本上的不同。科学就应该谨慎认真，一些学者没有从医学上分析他们的本质，为假象所迷，造成对事物的混肴和命名的不清。有时事物会给人以假象。《马克思主义哲·现象与本质》中说：“假象是一种与本质的对立最明显、最突出的现象，但是归根到底，假象也是本质的一种表现，不过它是本质的一种曲折的，颠倒的，虚假的表现。”列宁说：“假象的东西是本质的一个规定，本质的一个方面，本质的一个环节。本质具有某种假象。假象是本质自身在自身中的表现”（《列宁全集》第 38 卷）所以我们看事物就要像辩证唯物主义所说的那样，要透过现象看到事物的本质。辩证唯物主义中说：“本质比现象普遍、稳定、深刻，现象比本质具体、生动、它们是相互有区别的，现象是易逝的，本质则是相对稳定不变的。”

我们翻开地球人种图，不难发现，人种的分布与纬度和经度有着严格的区域性。美洲的白人、黑人，和其他地区不规则分布的人种都有着移民、侵略和掠夺以及殖民地所造成的历史，从航海大发现到殖民时代，在 500 多年的时间里，美洲的人种布局发生了翻天覆地的变化，从根本上大大改变了原有美洲人种的状况，使得这个美丽星球的人种布局更加复杂化。

除以上四种人种以外还有混血人种，混血人种在拉美比重最高，约占全洲人口的 40%。以黄白混血人的比例最高。根据血统可分为三类：美斯的索人是印第安与白人混血种人的后裔；穆拉托人是黑人与白人混血种人的后裔；扎姆博人是印第安人与黑人的后裔。混血人种与混血人种又有混血，世代不断的实际混血情况比这个还要复杂得多。（《世界地理》）。因此，将来的无限混血将影响整个人类世界，人种的多样性随着人类的高速发展将面临一定的冲击。

非洲的人种混血也较复杂，撒哈拉以北的非洲居民为白人，通称阿拉伯人，是由迁入北非的西亚古阿拉伯人同当地的柏伯尔人、古埃及人长期融合形成的。黑白混血人种分布在非洲东部、南部、印度南部和拉丁美洲等地。南部非洲还有60万左右的白人，其中1/3为最先到达南部非洲的荷兰殖民者的后裔，他们自称是“布尔人”，主要居住在南非共和国。其余的白人以英国移民后裔为主。马达加斯加人是亚洲迁来的马来人与当地黑色人种长期融合形成的，在北非白人与黑人分布区之间的埃塞俄比亚和索马里，为黑白混血人种。（《世界地理》）

黄白人种混血，主要分布在拉丁美洲，为白人和印第安人的混学种人，称为美斯的索人，还分布在中亚和乌拉尔以及鄂毕河、叶塞尼河等地。

黄黑人种混血人数较少，主要分布在拉丁美洲、非洲的马达加斯加岛等地。

在中国人种混血的历史由来已久，过去在上海有专门接黑人的华妓。《海阴又治游录》上说：“黄浦中有船妓，略如庭户，然绝无佳者，今率与番舶黑人交，舆隶见上，皆掩鼻而过矣。”其实这种交易并非始于清朝中叶，早在唐朝时就有扬州的妓女接这些黑人番人了，唐人崔涯有一诗说：“虽得方苏木，犹贪玳瑁皮。怀胎十个月，生下昆仑儿。”据近人陈裕菁的解释说：“涯久游维扬，每提诗娼肆，立时专诵。”此诗盖嘲扬妓款财接番客者。方苏木、玳瑁均番货，“昆仑儿”即“混血儿”①。因绝无佳者，娼女食其富豪，因而纳款者，势必有之，当时扬州为番客群聚之所。过去妓女以接外种人为忌讳，可见最初始社会之人有本能的忌讳心理，这是原始本性的心理，故皆掩鼻而过矣，这是最可靠的分析。

---

① 《海阴又治游录》摘于中国《历代房内考》。

在中国云南有一黑人村，根据史学家们的考证，这是唐代时期商人和外国人为中国进贡黑工所至。在中国新疆、青海、甘肃等地也有一部分中欧混血人种，甘肃的混血种人，大部分是成吉思汗俘获的7000名罗马士兵与华人的后裔，他们的肤色白皙程度都不同，但眼睛呈现蓝色，这也是人类活动不可避免的实际社会现象。由于混血人种失去了大自然先天所赋予的原始特征，把各人种的现象和本质直接和而为一，所以也就没有破解原始特征的道理。

十三　对世界三大人种的综合破解

自然界不同的地理方位产生不同的气候物产，自然界一切植被生态和自然规律紧密关联。人是自然界及其规律的产物并与自然规律融为一体。不同地区的地质、气候、水土、阳光、雨露等条件对物种和人种都有着深刻密切的关联，并与人体脏腑和人体特征相互统一。由于不同地域和纬度的产生不同的阴阳合气，不同的阴阳合气产生不同的气化条件现象，所以，不同的气化条件现又产生不同的变化结果。这些不同结果使地球植被物质以及人与自然规律相统一，始终反映着不同的环境特征，也使我们能够看到原始地区气候条件和气化的特征规律。在我们的自然界中人与自然规律和环境是不可分割的辩证统一关系，人依附于自然界的环境而产生和存在着，一切氧分来自于大地母亲，人脱离了自然环境就无法生存，人与万物都在自然规律和环境的影响下具体的产生和发展着，包括动植物的分布都在遵循着自然界的规律，遵循着辩证唯物主义普遍性与特殊性相统一的法则。因此，对中国古代哲学和中医基础理论的基本认识，是非常重要的，这种天人合一的思想更是认识宇宙与世界的一门重要的理论知识之一，是中国哲学的重要组成部分之一，中国哲学对人种的破解有着很大的现实性，对整个世界和宇宙都有觉悟性的指导认识。

气候对动植物起着重大的直接影响作用，对人种也同样起着直接至关重大的影响作用。世界主要的气候类型是；

1. 热带地区可划分为四种气候类型：①热带雨林气候，主要分布在赤道附近南北纬10°之间。各月平均气温在25℃以上，年降水量超过2000毫米，且分配均匀。②热带草原气候，位于热带雨林气候的南北两侧，南北纬10°至南北回归线之间的地区，一年中有明显的干湿季节，降水量在700~1000毫米。在非洲古人类化石的发现地主要为热带草原性气候，主要特点是全年高温，各月的平均气温高于20℃，干季时气温更高。③热带季风气候，分布在南北纬10°至南北回归线之间的大陆东缘，主要在亚洲的东南部和南部的中南半岛、印度半岛。各月平均气温>20℃，有明显的干湿季节，但降水量在1500~2000毫米。热带季风形成的原因与热带草原根本不同，冬季受大陆吹来的冬季风影响，风向东北，降水较少。夏季，南半球的东南信风越过赤道形成西南季风。从印度洋吹来的西南季风，给亚洲东南部和南部带来大量降水，并形成雨季。④热带沙漠气候，主要分布在南北纬30°至南北回归线之间的大陆内部和西部。终年受副热带高气压带和信风带控制，降水量稀少，年降水量少于200毫米，加之气温较高，月平均气温超过10℃，蒸发量大，气候异常干燥，且气温的年较差、日较差都大。

2. 亚热带气候主要分为两种：①亚热带季风和季风性湿润气候，主要分布在大陆东缘的南北回归线至南北纬35°左右的地区，1月平均气温>0℃，年降水量750~1000毫米。在中国古人类化石发现地的长江流域的广大地区属于亚热带季风和季风湿润性气候。②地中海式气候，分布于南北纬30°~40°之间的大陆西缘，夏季炎热干旱，冬季气候温和、多雨，1月平均气温>0℃，年降水量在300~1000毫米之间。

3. 温带气候主要分为三种位于南北纬40°~60°之间，主要在北半球分为三种类型：①温带季风气候：分布在大陆东部，主要在亚洲东部地区，受季风影响，冬季寒冷干燥，1 月平均气温在 0℃以下。夏季暖热多雨，7 月平均气温在 20℃以上。年降水量 500～600 毫米左右。②温带大陆性气候：分布在大陆内部，巨海洋远降水少，年降水量少于 300 毫米，在纬度较低的地区，蒸发量大，气候异常干燥，分布着大面积的沙漠、戈壁。气温的年较差和日较差都大，冬季寒冷，夏季炎热。**发现于黑海里海之间著名的高加索森林古猿化石属于亚洲西部，这里的气候就属于南部温带大陆性气候，南部与北部又有差别。**这里 1 月平均气温在 0～8℃。7 月平均气温在 20～28℃。年降水量在 1000 毫米左右。③温带海洋性气候，分布在大陆西部，主要在欧洲西部地区，终年受大西洋吹来的西风影响，降水丰沛，气温冬暖夏凉，月平均气温在 0～20℃之间，年降水量在 700～1000 毫米之间，而且季节分配均匀。**在欧洲古人类化石发现地大多为大西洋温带海洋性气候区。**

4. 亚寒带针叶林气候：位于温带与寒带之间，约北纬 55°至北极圈之间的亚、欧、北美洲大陆的北部。1 月平均气温可达 -30℃以下；夏季温暖短促，7 月平均气温在 20℃以下。年降水量，大约 300～500 毫米之间，但由于气温低，蒸发量小，气候比较湿润。植物以大面积针叶林分布，故称亚寒带针叶林气候。

5. 苔原气候和冰原气候，地处南、北极圈以内，年降水量少于 250 毫米，仅 7 月平均气温可达 1～5℃，全年各月平均气温在 0℃以下，终年酷寒，为冰原气候。

6. 高山气候，在大面积的高山地区，气温随着高度而变化，气候的垂直变化明显。陆地上的自然带从赤道向两极依次按照纬度的高低，从赤道到极地依次可分为热带雨林带、热带草原带、热带沙漠带、温带草原带、温带森林带、苔原带与冰原带。动植物都随着纬度的增高而变化成不同性质的动植物，这些无不与地理和气候有着密切的关系（参见表1）。

表1　地球上的自然带

气候	植物	动物	土壤
热带雨林	高大的乔木，多枝的灌木、各种草木个攀缘交错的藤本植物等	猿猴、猩猩和鸟	砖红土
热带草原	雨季草木植物生长繁茂，旱季草木枯黄，还有零星生长着高大的乔木，为适应旱季的生存，一些树木都有储存水分的自然功能结构：如波巴布树等等	羚羊、长颈鹿、角马等	主要为红、黄壤
热带荒漠带	植物很难生长，在荒漠的边缘区有稀疏的灌木和草本植物	袋鼠、狐等	沙砾、荒漠土
亚热带绿阔叶林	常绿阔叶林，如栎树等	猕猴等	红壤、黄壤
亚热带硬叶常绿带	树叶多为蜡质或革质的硬叶，如冬青栎等	山羊等	褐色土
温带荒漠带	植被贫乏，边远地区稀疏的草本植物和灌丛生长	骆驼等	沙漠或戈壁
温带草原带	乔本　禾本科植物生长茂盛	黄羊、狼等食肉动物	典型肥沃的黑钙土
温带落叶阔叶林带	植物树叶易凋落的阔叶林	松鼠等	棕色森林土与褐色土
亚寒带针叶林带	针叶林多为落叶松、云杉等	麋鹿、松鼠，紫貂等耐寒的皮毛动物	森林灰化土
苔原带	苔藓、地衣等低等植物	驯鹿、北极狐	几乎终年冻结
冰原带	全年皆为冰雪覆盖	北极熊、企鹅等	几乎没有植物和发育的土壤

从世界气候类型的分布可以看出，尽管世界各地的气候各不相同，但其分布总是有一定的固有规律，正如马克思所说：“一切具体物质形态的

运动并不是杂乱无章，它们都有某种确定不移的基本秩序，这种秩序表明物质运动有其固有的规律性。”这种各不相同的固有规律造就了不同的物种存在。除高山气候外，世界的气候按照纬度的高低从赤道到极地，依次分为热带、亚热带、温带、亚寒带、寒带几个基本的维向气候带。受大气环流和海陆位置影响，又可在大陆的东西部。划分出不同的气候类型。因此，我们知道一个地方的地理位置，就可以根据世界气候分布规律，推断出一般的气候特征。我们看到的气候规律都有其固有的运动规律，这一规律与地理位置互为一体而不可分割，有什么样的地理条件就有什么样的固有气候规律存在，有什么样的固有气候规律存在就有什么样的物种存在。根据气候特征可知物种和人种特征，根据物种和人种存在可以发现气候特征，人物和气候是相互统一的辩证关系。

1. 对人种肤色、眼睛、嘴唇、生殖器和体能的破解

（1）黄色人种（亚洲人种即蒙古利亚人，远古中国人是青色人种）。

彩图版《中国通史》第18页大荔人一节中说：“由直立人向智人过度人类又向前迈进了一步，离黄皮肤黑眼睛的华夏民族又接近了一些。”这句话没有说明黄皮肤之前是什么颜色，好像意识到了亚洲人种之前的颜色，这在考古学上是非常可贵的。但还存在着两个问题。①用大荔人来代表人类是不正确的，只能说大荔人或亚洲种人，这句话之后是离黄皮肤黑眼睛的华夏民族又接近了一些，好像人类是一个种族演变而来，这是违背辩证法和自然界的物种和气候规律的。②离黑眼睛的华夏民族又接近了一些是不正确的，因为亚洲种人本来就是黑眼睛，这可以从哲学和医学理论上来得知。

亚洲气候复杂多样，跨寒、温、热气候带，但是北部大部分地区属温带大陆性气候。亚热带季风和季风湿润性气候：包括中国秦岭、淮河以南的东南部地区及西南部分地区和日本群岛南部。气候特征为冬凉夏热，降

水丰沛，在锋区形成一个月的梅雨季节。中国岭南以南、中南半岛、印度半岛以及菲律宾群岛属于热带季风气候。热带雨林、热带沙漠、地中海气候占少部地区。青藏高原、帕米尔高原属高山气候(《世界气候类型图》)。在中国古人类化石的发现地，长江流域的广大地区属于亚热带季风和季风湿润性气候，受季风影响，夏季高温多雨，冬季温和少雨1月平均气温0℃以上，年降水量在750~1000毫米之间。亚洲其余大部地区为2000万平方公里，占亚洲总面积的一半是温带大陆性气候。每年1月平均气温和7月平均气温的年较差很大。强大的西风环流和来自太平洋、大西洋的暖湿气流至亚洲中部地区已成强弩之末，使亚洲中部和高纬度地区形成大面积的冬寒夏热，春秋短促，气温年较差大，降水稀少，是典型的温带大陆性气候。

面积广大的亚洲大陆与周围浩瀚的大洋之间产生强烈的热力差异导致大陆与大洋之间形成季风环流系统。亚洲季风强度最大，影响范围最广，类型最多。既有温带季风、亚热带季风，又有热带季风，既有大陆季风，又有海洋季风。除此之外还有复杂的气候类型，包括极地气候、亚热带季风气候、热带季风气候、热带雨林气候、热带沙漠气候、地中海式气候和高山气候。夏季，风从海洋吹向大陆（南风）；冬季，风从大陆吹向海洋（北风），在中国广大地区形成了季风气候。中国古代把东风叫做春风，把南风叫做夏风，把西风叫做秋风，把北风叫做冬风。所以在亚洲形成了一个具有物质生长的规律性。有东风生、南风长、西风杀、冬风藏的自然规律。可见，在亚洲季风的规律性与四季互为一体。内陆河流和湖泊众多，在过去生态协调，水资源更加丰富。因濒临北冰洋，太平洋、印度洋和大西洋的陆间海——地中海，所以兼有四大水系。热带沙漠气候降水希少，温带大陆性气候年降水量在500毫米以下。年降水量在300毫米左右的地区，一般为浅草平原。亚热带季风气候；热带季风气候降水丰富，一般可

达1000～1500毫米，迎风坡可达2000毫米以上。(《世界地理》)

从实际情况出发，亚洲季风强度最大，影响最广，类型最多也最具典型性，季节变化明显降水集中，是亚洲季风气候又一突出特征，由于冬夏季风的季节变换，使季风气候区的季节变化显著。四季分明，所以万物的生发和成长首先是以春季为首，以夏为长、以秋为收、以冬为藏的自然规律。正如《素问·阴阳离合论》中所说：万物的发生，是借着春气的温暖；万物的滋长，是借着夏气的炎热；万物的收成，是借着秋气的清肃；万物的收藏，是借着冬气的寒冽。这是亚洲气候不同于其他洲的明显区别，这一区别也使亚洲有着独特的风景景观和不同季节的生活风俗。

在亚洲亚热带季风气候、亚热带季风性湿润气候的影响下，中华民族的诞生深受春季万物生发之气的影响，与春季息息相关。春季是亚洲草木萌发的季节，也是亚洲万物产生的季节，亚洲万物都在遵循着这种自然规律，人与自然为一体不可能独立于自然规律和万物之外而单独存在。根据辩证唯物主义“绝对运动和相对静止”所认为的：“物质的多样性是从物质自身的永恒运动中产生的。”又通过相对静止和各种条件随着量的增加来完成物种的形态。亚洲大陆在深受春季这个大气候的影响下所形成的天地阴阳合气是产生人与万物的根本。

由于地理与气候的原因中华民族与东方万物只有在春季才能生发，春季是亚洲万物的开端所以占主导地位，这是亚洲气候和事物的主要矛盾。是亚洲四季气候的主要特征与其他大洲有着明显的差别，这是自然规律使亚洲万物在春季产生的重要原因。由于受春季条件的影响，亚洲地理使天地阴阳合气自身的内部矛盾运动与其他大陆形成的天地阴阳合气的内部矛盾运动产生着不同的运动形式，也就有不同的运动结果。在中国古人类的发现地是亚热带季风和季风性湿润气候，亚洲春季草木万物开始萌发。因此，亚洲天地阴阳合气产生的五行之气的木行之气就很明显，木行之气所主的特征就最为明显，有不同的条件就有不同的运动形式，就会形成不同的物种。

亚洲人和万物深受春季阴阳之气化生的木行之气的影响就占主导地位，阴阳合气所反映出事物的五行特征的木行就很清楚。所以亚洲人必然与木行之气相统一，这就是万物统一于自然规律。亚洲四季春夏秋冬气候显著于其他洲，这是亚洲气候的一大特征。亚洲四季以春为首，万物以春为始，春季使草木之气旺盛。因此，温暖的春气使草木开始生长，人与自然规律相和相统一，人也包含在其中孕育和进化，人体的肝脏与春气相应，肝脏属木青色，木砍去后可以再生，肝脏也有再生的功能，肝属木也由此可以得到验证。在人体中，肝脏之气在这个季节生发，三月春分，木星见于东方并和春季草木的自然生机相应。因此，也就形成了天地人合而为一的客观实在性的见证。肝属木，由于春季主草木的原因，春季气温与人体肝脏相应。所以，亚洲春季的气温对人体肝脏有着巨大的促进生发作用，肝气旺盛，以肝木为主导的器官就发达旺盛于其他系统的器官，春季阳光温暖，水土之气温和，中华民族禀承了自然界的东方土木之气内外相感深受东（动）风春气的影响而生，春季草木滋生，是东方万物产生的开始，木之精为青，它所体现的事物在颜色上是草木青色的表现。草木植被生于东风春气（木气）。

李时珍说："松柏为百木之王，得天地之正气所以常青。"松柏得木之精气其色苍青，而人又为天地之灵，以天地之精气而生，最能得到天地的精灵之气。因此，亚洲人生于春季木气，与自然界草木之气相应，木气的精华是青色与人体肝脏相通应。所以，中国婴儿呈现了木（松柏常青）之正气为青色，印证着中国人产生于春季，得到了土的正气而蕴蓄了黄色，长于夏（土气）气，乘禀和感受了土的甘味与平和之气而成于四季。因此，中华民族新生儿身上有青迹（蒙古斑既中国青），中国婴儿的青迹就是和松针（油松）的苍青之色完全一致，这更加证实了人类和万物统一于自然界，人是自然界的产物。印证了自然界与人体合而为一的正确的哲学理论。这是中国人深受春季生发的影响，春季在人体中与肝脏相应。

《素问·脏气法时论》说：肝主春木之气。这是中国人肝木之气合于春季生长旺盛的缘故，肝属草木青色，青迹是春季产生的原因与结果，中国婴儿的青迹是东方春季草木幼苗生发的象征，是东方人体合于宇宙与大自然规律相统一的结果与论证，是天人合一的自然规律和本质体现。青迹在四至九岁前消失，也是亚洲人种随着亚洲四季自然规律的变化而变化的一个证明，更加充分证明了人于自然相统一的哲学观点。故中华民族在远古时期是青色人种，进一步印证了在八卦配脏腑中，肝在左面主春天，为气化的始点的自然规律。

根据中医理论，春季主一个季节，而土主（运载）一年四季。《素问·太阴阳明论》说：脾脏不主一个季节，因为脾脏的功用是在土的精妙，土的意义，相当于天地生养万物一样，从头至足，无处不到，所以不独主一个时季。李时珍说："土有五种颜色，以黄色为正，有五种味道以甜味为正。"春季草木之气不能胜秋冬二季之气，因而年年被秋冬之气伐替（秋属金克春木之气），这一规律在亚洲人产生之前就已经存在再加上亚洲四季分明而四季的每一季只主一个季节，土却主运载四季。所以主四季的土的正色——黄色和金秋之气使主春季的正色青色，逐渐退化。其他洲的气候没有亚洲四季这样大的落差，所以阴阳合气的内部运动就与亚洲不同，物质的多样性是从物质自身的永恒运动中产生的，所以也就产生了不同的差别。因此，亚洲人种以木行为主导体系的系统就很明显，木的系统——主东方、春天、东风、青色、酸味、筋、眼睛、肝、胆就很明显。因此，中国人在远古时期是青色人种。青色最初占主导地位，由于青木之气本来就克土气，所以青迹不可能完全消失。这是上天赋予中华民族天道的遗传胎记。

为什么中华民族的青迹在臀部和背部依然较多呢?《素问·金匮真言论》中说:“言人身之阴阳,则背为阳,腹为阴。”因为背部和臀部属阳,为督脉所主。腹部属阴,为任脉所主。背部督脉为阳气生发之主,草木生发为青色,肝属木,木气青色,在人体中为肝藏所统。《素问·阴阳应象大论》中说:“东方阳也。”阳主生发为青色,背部在直立行走前向阳,而亚洲人种是在春季孕育生发以合于亚洲季节的自然规律,春季在八卦中属于东方震挂,即春动萌生青色之意,故青迹在背部和臀部难以消失。

由于天人合一的自然规律和四季更替规律,青色草木到了秋冬就会凋谢,这与自然规律相合相统一。秋季属金,主白色杀伐青色草木,逐步取代年年凋谢的草木青色,人与自然相应,自身的内部运动统一于自然规律经过千百万年的进化,所以被金秋之气年年伐替再加上主四季的黄土之气而逐步取代为黄白色。秋季属金,本来就克木气,地四生金、天九成之,因此,青迹在四岁至九岁前消失,这是金秋之气年年循环相克使青迹逐步退化。所以,天人合一是人与自然规律相统一的,这种相应统一在千百万年的进化史中才能发现。而其他人种则具备其他气候条件,与亚洲亚热带季风和季风湿润性气候的人种完全不同。什么样的条件造就什么样的事物,这是符合自然规律和马克思的辩证法的。

青迹证明着东方亚洲春季人种的本土自然起源,证明着现象与本质的真理性存在,证明着中国哲学的正确观和认识论,证明着人种与自然界相统一的辩证思想,证明着天人合一这个从实际情况出发所得到的正确结果。青迹客观现实的存在着,它灿烂辉煌,不以任何人的意志为转移而铁证如山,它与大自然合而为一是如此的符合自然哲学和真理,是如此的正确。它神秘无比而又无私的泄露着天机,只有尊重客观规律并不懈努力的人才能认识人与自然。青迹从亚洲猿种的产生到现代一直连续不断的进化和发展下来，中间没有任何停顿和替代，否则，人种突出而又与自然规律如此相符又与天地融为一体的鲜明特征，就不可能一致延续遗传到今，那些否认自己民族的学者们应该自醒了。青迹是东方春季青色出生的象征，是龙（苍龙星座）的传人的象征，是亿万年来中国人的骄傲，是中华民族铁的烙印。此万古之迷得破。至于个别中国人没有青迹那是阿拉伯人在中国长期生存的结果，而个别阿拉伯人有青迹，那是过去蒙古军队长期在阿拉伯居住的原因。部分藏族没有青迹是因为他们是从不丹等地移民而至。凡是这类情况要灵活分析和应用，具体问题具体分析，万万不可生搬硬套。

中华民族位居世界东方，东方（东者动也）合于北斗东指、合于春季、合于东风吹动、合于万物始生、合于苍龙星座、合于人体肝脏、合于青色。松柏苍青之色常青为草木之王色。李时珍说："松柏得天地之正气"所以常青。

脾脏开窍于口，脾属土。脾土的正色是黄色，脾土在人体中主管疏通，它的性质主调和，由于四季的更替木气逐步衰退，一统四季的土气就显现出来，土行主中央、主调和、主黄色、甜味、主肉、延伸物是嘴唇、在人体是脾脏、胃。土数为五为中数，由于旺盛的木气减退而土气显现，而土的系统就很明显，土数五为中数，中华民族得金、木、水、火、土各气就适中，土气（黄色）属中逐步成为王色之气，故中华民族生于木气而成于土气，土数为五为中数，因而五脏得气适中，它所延伸的五官耳、鼻、眼、口、舌（金木水火土）也适中，所以五官普遍平整，嘴唇不薄不厚。土黄、味甘、气和所以普遍没有狐臭，亚洲人种呈现了东方春季土木之象，又有金秋白色杀伐草木青色之象，所以生而青色，成而黄白之色。脾脏延伸在人体外的就是肉和口唇。土主运一年四季，而一年不被一个季节所主，是亚洲四季分明，时间均等，温差较大，所以长年受土气而为黄色，成熟于秋季而为白色。

《素问·宝命全形论》中说：“人以天地之气生，四时之法成。”“四时”，指春、夏、秋、冬。亚洲人种生于春季而成于四季，统一于主四季的土气而为黄色。各个脏腑都得到了它的正气所以肤色黄白而五官适中；脾土得其正气，色黄属土属肉；肺金得其正气，色白主皮毛；肾水得其正气，主黑色头发和瞳孔；肝脏得其正气，为青色。亚洲人种五脏得气适中，所以五脏的延伸物五官适中没有大起大落，普遍均称于其他人种，颜色也各得其正，在各脏腑所主的外部特征上来反映它的本质，所以，脾土所延伸出来的嘴唇普遍不薄不厚，嘴唇普遍不薄不厚说明了五脏适中的原则。中国人具有的正白色不消退并且越来越完美是因为脾土（黄色）能生肺金（白色）的缘故。

春季使中国人合于自然成为青色，生命之本的水脏肾脏得到它的正气既水精之气为黑色而使其所主的瞳孔和头发呈现黑色；脾得土的正气而使其所主的肉呈现出黄色；肝气旺盛得木的正气而呈现出正青色（青松之苍青）；肺属金，主皮毛，肺得金之正气白色而使皮肤呈现出黄白色（中国白与欧洲白又有不同）；肾与自然之水相应，水能生木，人眼睛的瞳孔属肾，得其正色为黑色，眼中圈属肝木得其正色为黑褐色或黑黄褐色，眼中圈又象肝木之外华，具有圆形树杆的木之形象的颜色——褐色。《素问·上古天真论》中说：“男子八岁时，肾气盛，头发长长，牙齿更换。”亚洲人幼年生长时期肝肾之气纯盛，所以色青眼黑，瞳孔和眼中圈黑色重，眼中圈黑色重是因为肝木还未成熟而被肾水浇润。《灵枢·天年》说“人生十岁，五脏始定。”成年人五脏成熟，肝木茁壮，所以肝木延伸的眼中圈显现松柏外华之色，因此褐色重。亚洲人种承禀春和之气而生，经历四季，五脏均等禀承了正色，是人种中得气最均匀的，故称中国人。亚洲爪哇人，中国南方人的鼻梁下陷，因为南方炎热，火气重而克肺金，金畏惧火，肺受到火气的克制它的延伸物鼻子因而下陷。

生殖器、体政、音质方面：生殖器属水，是肾脏的延生物，通称外肾。亚洲人种以一统四季的黄色为主，黄色属土、土气重、土能克水，这样主四季的脾土之气克主一季的水脏肾气，脾土克制水脏（肾脏），又因为水生木的原因，肝气旺盛了必然耗去水脏之气，水脏又主生殖器，前后受制使水脏的延生物——生殖器小于其他人种，使脾肺所主的肉和皮毛呈现黄白色。亚洲人种生于春季草木生发而成于四季，生于木气而土气主之，木气在人为肝、土气在人为脾为肉。由于土克水和木浮于水的缘故，亚洲人种普遍游泳仅次白色人种；亚洲人种属土属木，由于土性重、木定于土中而成长流动性差以及五脏匀称的原因，所以从普遍性上来说在奔跑方面不如其他人种，至于个别人的超强情况那也只不过是极个别的特殊情况，不能以点带面来概括事物的普遍性。脾脏属土性重，兔子和马嘴唇缺所以没有脾脏，因此善于奔跑（孙思邈《千金方》），这就是脾属土一个很好的医理见证。亚洲人种由于五脏五气适中所以全身运动的武术运动出自亚洲。在语音上肝脾音重，也就是像木器或土器碰撞之音，这是亚洲人发音不同于其他人种的根本原因。黄色人种属土，土能承载重量，所以在举重方面也较强。肾主骨，黄色属土，由于土克水（脾克肾）的缘故黄色人种的骨骼身高普遍小于其他人种。《内经·素问》中说：“肝脏者将军之宫，谋略出也”。中华民族多智谋，明代以前中国的哲学和科技占世界领先地位由于历史制度原因才逐步落后。东方木通常象征松柏，松柏常青象征着东方春季；物也象人，中华民族在五千年前就有完备的养生思想甚至比这个时间还要早得多，这是中国古代伟大哲学和医理的具体体现，可见其养生思想发展的源远之久，并流传于世界。大松柏之枝上部长而人天，下部长而下托；中华民族过去发髻高绾，衣着长袍，有木气之象。中华民族古代的房屋建筑房梁高起，屋檐下拖，檐端上翘也是如此；亚洲人为木行和土行，所以，有着精辟的草药配伍理论知识和描写花草的绝代诗歌；亚洲的草药学异常发达，著有大量的本草哲学理论书籍和人体医学与天人合一的哲学理论书籍，这在世界上是独一无二的；亚洲人发明造纸术、印刷术和丝绸，并发明对火药的配伍；亚洲人的土器烧制几千年来一直占有垄断地位，举世无双；草木形态万千，亚洲象形文字也变化万千；这些无不是亚洲人所创，无不是反映木行和土行的特征。《春秋文耀钩》中说："气随人形。"脾土黄色，在味道上为甜味，在功能上主调和。所以，中国人在国际政治上也多主张和平主张疏通。

中华民族自古以来就以龙为图腾，多见青龙和黄龙，从6000年前出土的仰韶文化［见下图河南濮阳西水坡M45《文物》1988年第3期］的墓穴中墓主的左面为青龙、右面为白虎，这两个龙虎图都是用贝壳摆成的（参见图9仰韶文化·龙虎图，由此可见中国二十八宿的起源已是非常非常久远）。左面青龙象征着合于春季青色、合于木星、合于北斗东指、合于苍龙星座、合于人体肝脏系统、合于宇宙与自然的四时规律。右面白虎象征着合于秋季白色、合于金星、合于北斗西指、合于白虎星座、合于人体肺脏系统、合于宇宙与自然的四时规律。从出土的文物看中国古代的先民早就对宇宙与自然界有了很深刻的认识，充分证明了早在6000多年前中国人对青龙、白虎、朱雀、玄武（东青、南赤、西白、北黑）的宇宙四象（二十八宿）和规律的认识就已经基本完备了。鳄鱼也具有龙的形象和青色特征，所以古代把它称为（鼍）也既土龙，这是取地象而已，但根源还是来源于天文学的青色合于宇宙与自然规律统一于人体的哲学思想观。苍龙座是天龙，鳄鱼是土龙，这也是天地结合的意思，可见中国古代天文学的发达。由此可知中国6000多年前对龙（苍龙星座）的形象就已如此完备。中国天人合一文化思想的发展阶段已经是非常久远和漫长的，它是根据宇宙与自然规律结合于人体的生机而成，并非随意猜测。中华民族之所以崇拜龙，以龙为图腾，其中之一就是因为北斗、东方、春季、草木青色、苍龙、肝脏与中华青迹根本合而为一，这是天人合一的思想，是对宇宙天体与自然界规律之色合于一体的千年信仰，是万物生发与东方青色的始祖崇拜和遗传。中国古代的房屋也多为青色以合于自然和对先祖的纪念，以养育中华民族的黄色为尊贵而崇拜黄色，故有紫禁城的辉煌。龙是中华民族的形象，是中华民族完整的哲学观，是我们认识宇宙与世界的一个观点，是中华民族集体智慧的结晶，是中华民族的伟大象征。

图9　仰韶文化·龙虎图

春节是中国最重要的传统节日，也是中华民族产生的伟大季节，我们过这个节日不仅仅是迎接春季的到来，更重要的是我们应该知道这是纪念我们这个民族的伟大生日，也是纪念我们每一个中国人的生日，是传承我们伟大祖国哲学思想的纪念日。

关于美洲土著印第安人，那是亚洲蒙古利亚人种的后裔，美国作家期塔夫理阿诺斯在他的《全球通史》中说："关于种族特性，所有印第安人都属于蒙古人种。他们以颧骨高凸、头发硬直粗黑、脸上和身上汗毛稀疏、小时侯脊骨背后带有蒙古人种的斑点为特征。并说他们在 20000 年前有99%的是通过百令海峡来到美洲定居的。”在英国人写就的《人类与大地母亲》一书中说：“在旧石器时代亚洲智人横渡太平洋定居美州。”其实亚洲民族不仅仅是随着季风横渡那条非常安全的太平洋通道（古称海上浮桥）定居美洲。根据大量考古资料，也有一批批是通过白令海峡和山东、安徽一带向日本列岛进人黑潮可以很安全的漂流到中美洲，定居美州。2000年南方版《世界通史》中说：“从骨骼的化石来看，到目前为止，在美洲发现的最早有人类活动的确凿证据距今只有12000年，20世纪在美洲发现了许多早期人类早期化石和大量的石器，从石器和骨骼上看人类进入美洲不会超过2万年，但这还需要大量的研究考证。从美洲土著居民印第安的体质形态看，他们是来自亚洲，是黄种人的一个分支。”墨西哥著名的艺术家迭亚哥·利维拉在很早以前就说过，“我们是中国人”。活人就是最好的证明，还有什么不可信的。纯种印第安人大多生存在条件恶劣的密林深处等地，他们的鲜明特征无可非仪是黄色人种，新生儿背部有蒙古斑（青迹）等诸多特征完全与亚洲人种一致。《中国人到达美洲一书》更有其他大量的遗迹可以考证。关于美洲印第安人在此就不一一论述，请祥见中国古籍大量的历史资料和当代考古资料。

（2）白色人种

欧洲深受大西洋气候（西风）的影响，海洋性特征非常显著。欧洲是世界上地势最低的一个洲，平均海拔仅340米，低于海拔200米的地区占全洲面积的一半。东欧平原400万平方公里，平均海拔约170米。欧洲绝大部分处于北温带，山地、平原呈东西走向，向大西洋敞开，使得来自大西洋的西风长驱直入，进入大陆内部。加之西风在大西洋上空，掠过世界上最大的北大西洋暖流，增强了其暖湿的特性，给欧洲带来了充足的热量和降水。所以欧洲是世界上长期深受大西洋暖湿气流影响既西风气候影响最深的洲《世界地理》。

欧洲的海洋深入大陆，边缘环绕着许多边缘海，北冰洋沿岸有伯朝拉海，巴伦支海和挪威海；大西洋沿岸有北海、比斯开湾等。还有一些被陆地包围的内海，如北部的白海、波罗的海；南部地中海、黑海，以及地中海沿岸的亚得里亚海和爱琴海等。这样使得欧洲水平轮廓破碎，有着漫长的海岸线、众多的半岛、岛屿和海峡，使欧洲深受大西洋西风暖流气候的影响。欧洲斯堪的纳维亚半岛的西部、南部、不列颠群岛以及西欧沿海诸国，是世界上最大的温带海洋性气候分部区，这里冬季温和，最底月平均气温大多在0℃以上；夏季气候凉爽，最热月平均气温在20℃以下，年差较小，年降水量超过600毫米，季度分配均匀，西部沿海地区是典型的温带海洋性气候区在法国和德国一带多发现欧洲最早的古人类化石。这一地区年降水量超过1000毫米，空气湿度很高，多云、多雾，日照少，天气阴沉。欧洲冬温夏暖，受大西洋气候影响甚至纬度高达60℃以北的斯堪的纳维亚半岛的西部，冬季温度也在0℃。欧洲西部温带海洋性气候的分布年降水量丰沛，由西向东降水量逐渐减少。欧洲东部地区属于温带大陆性气候，冬季虽然寒冷，1月平均气温在-5℃以下；夏季在10~25℃之间，降水量多集中在夏季，年降水量在600℃毫米以下。欧洲南部地中海沿海，冬季依然受西风影响，气候温和、多雨，1月气温在5℃以上：夏季受副热带高气压带控制，炎热、干燥，7月气温在20℃以上是典型的地中海式气候，欧洲越往东温带大陆性气候越明显(《世界地理》)。

欧洲与同纬度的亚洲气候相比，欧洲冬季温和，季节性温差小。根据1月等温线大体呈南北走向，气温从西向东逐步降低。说明大西洋性气候显著。大西洋沿岸为典型的温带海洋性气候，向东过渡为温带大陆性气候。北冰洋沿岸属于苔原气候，地中海沿岸为地中海式气候。欧洲第四纪冰川作用强烈，地面遍布冰蚀和冰碛地貌，曾多次出现过冰山活动，山地冰川的中心在阿尔卑斯山脉，其活动范围扩展到山地四周的山麓地带，冰川活动对欧洲的影响显著，北欧更加明显(《世界地理》)。

欧洲冬温夏暖，大西洋暖流之风主之，这是欧洲气候的主要特征，欧洲深受大西洋西风暖流的影响，在欧洲最早最多的古人类化石发现地大多为大西洋温带海洋性气候，终年受大西洋西风吹来的影响，降水丰沛，年降水量在700～1000毫米之间，而且季节分配均匀，气温冬暖夏凉，月平均气温在0～20℃之间。这从中医学上来说是非常非常重要的。西风，主人体肺脏，肺属金，主白色，主皮毛，肺脏开窍于鼻子，温带海洋性气候与人体肺脏相应，欧洲气温和大西洋温暖的西风气候对人体肺脏有巨大的促进作用，这是欧洲气候与人体的主要矛盾。欧洲深受来自大西洋西风影响使其成为深受海洋性影响最深的一个大洲。物质的多样性是从物质自身的永恒运动中产生的，天地阴阳合气在西风的影响下形成与其他洲不同的内部运动变化形式。由于西风和气温的影响，天地阴阳合气产生的五行之气的金行之气就显得格外强盛，金之精为白，在人与自然规律相统一的公式中，西风属秋、属白色、属金、属肺、肺主皮毛、主鼻子，金克木就是肺克肝，使西风所统的肺脏系统异常发达。所以，白色、金性、大鼻子、鼻音、金发碧眼、皮毛等就格外强盛。欧洲的气温落差小，四季温差没有大起大落，金发碧眼在温带海洋性气候下最显著，温度常年在0～20℃，季节性没有亚洲的落差大。因此，常年被天地阴阳五行的（温带海洋性气候）金行之气所统，所以，白色人种的金性特征无所克，就稳定不变。《素问·天元纪大论》言“在天为气，在地成形。”“气”指气候条件。西人禀承了与肺气相应的温带海洋性气候而生，西风与肺脏相应，肺属金，主皮毛。所以，西人与亚洲人种相反，是肺在右面主秋天，为气化的始点。西人生而白色，生于西风秋气（金气）。金主杀伐。因此，欧洲人种是以肺金之气占主导地位，西欧人有金秋之象，这是秋季万物成熟的气势，人与自然相应，这是天人合一的道理。因此，西欧人是以显著的大西洋气候为主要矛盾而以主四季的土气为次要矛盾。

由于地理上的优越条件，欧洲热量和水分充足，在西风气温的影响下万物化生和成长。西人肺金之气旺盛于其他脏腑之气，是因为肺脏得到了它的本气最适应这种气候温度，这与欧洲人种的产生有着密切的关系，这种气候温度在亚洲与秋季相应，《素问·藏气法时论》说：肺主秋金之气。西风合于肺脏合于白色，这是自然规律，也使西欧人的肺脏所主的皮肤呈现出肺脏的本色——白色，而成为王色。肺金开窍于鼻子，鼻子通于天气属金，金能克木，肺金之气旺盛，整个肝木系统之气就自然衰退，由于金伐木的缘故，肺金克制肝木之气又主杀伐，正如西风秋季能伐草木之气，故西欧人种的肺金外窍——鼻子（金气），克制肝木的外窍——眼睛（木气），从而使当王之气的肺金的延伸物——鼻子高高的隆起，而属木的眼睛受金气的制约因而下陷。肺主皮毛，因而皮肤呈现出肺金当王之气的主色—白色。温带海洋性气候越明显这种特征就越明显，进一步证明了人与自然规律相统一的哲学观。

因此，西欧人普遍鼻高目深于其他民族，呈现出了大西洋气候所主的以肺金为主的白色人种，生性具有金性的杀伐之气，由于青色的肝木之气被金气所克，西人以肺金之气为王气，克伐眼睛之木气，眼中圈属木，被肺金之气所克，所以呈显蓝色，蓝色又是大西洋气候所主，因而呈现出大西洋的本色，王色之气——蓝色，这就是大西洋西风所主的肺金王色之气，这与自然规律相应。黄白混血人种的眼睛多呈现蓝色，这是金克木的象征，呈现蓝色是木气不能胜金气的原因。众所周知白皑皑的雪景可以导致雪盲，这是金克木的原因，金属于白色，眼睛属木，这是金气伐眼木之气导致的目盲。人种的所有特征都与自然规律的五行规律相统一，从此中国哲学中的阴阳五行学说与自然界和人体合而为一的五行生克原理也进一步由此得到验证。天人合一的哲学理论无论在那都可以得到正确的验证，是如此的正确，这也正如孔子《家语》中所说："西戎之人，高鼻深目，是金能克木。"

由于欧洲东部受温带大陆性气候的影响，越往东温带大陆性气候就越明显，人们眼睛中的瞳孔也能渐渐得到肾脏的本色——黑色，而眼中圈则呈现黑色或褐色，越往东，人的眼睛和头发就越能呈现出肾脏的本色——黑色，越往东就明显。这是大西洋气候逐渐被取代的结果，越往东温带大陆性气候就越明显，受西风温带海洋性气候的影响就越少，肺金之气就减弱，鼻梁也就逐步减低，肾脏和肝木之气就越强，肾脏所主的头发和眼睛瞳孔就越接近它的本色黑色，皮肤也就逐步呈现黄色，肺所主的体毛也就越来越少。反之，越往西，蓝眼、金发、白皮肤、体毛、肺所主的系统也就越来越强，白色人种的特征也就越明显。这是随着经度的递减而增加主色和特征，但这不是颜色的混合，而是原本色彩的深浅程度随着经度的增加而递减或随着经度的递减而曾加的结果，这是一个由强到弱或由弱到强的阶梯式的递变过程，到了阿拉伯一带肺金之气消弱，鼻梁比欧洲人底、黑眼、黑发增强，皮肤也没有西欧人种那样的白色与欧洲的大高鼻、金发碧眼、白皮肤形成了明显对比。在黑海和里海中间地段的温带大陆性气候区发现过森林古猿化石，这种古猿种介于欧洲古猿和亚洲古猿气候之间称之为"高加索古猿"，这一地段中间西北至南端长条地段的降水量在1000毫米左右，周围的降水量在500～1000毫米，7月气温在20～28℃。1月气温在0～8℃。气温比亚洲季风湿润性气候炎热又较冷于欧洲温带海洋性气候，介于亚欧气温之间，这一地段的林木有针叶林和阔叶林混交，有高山地带和草原带。再往东的西南亚西瓦立克发现过腊玛猿人，他们又与金发碧眼有着不同的特征。

西风主秋，秋季金黄，秋季为万物成熟而气体完备的季节，成熟之气为金黄色，头发是肾脏所主，是水与火的结晶。水在人为肾，火在人为心，心主血红色，所以头发是心火和肾水的产物，也就是阴阳水火在外的表现，将头发透过阳光从一定的角度可以看到暗藏在黑发中红色的血液，由此可知，头发是心血与肾水的精华。心属火，故发为水火之精。由于欧洲常年温差小，被西风温带海洋性气候所统，使肾脏原本所生的黑色不能占主导地位，使肾脏之母的肺金之气占主导地位，肺金所生肾水金性就强，金性强肾脏所主的黑色就消弱，水精之色消弱火精之色就强，火强水弱，是红色大于黑色，人体心血红色之气强于肾水黑色，因此头发就呈现为金黄色，表现为原始天地金行气候的象征，人天相应，使西风肺金王气所主的人种头发呈现出金秋之色，西方金气又是物质成熟的季节之气，成熟之气又为金黄色与自然秋气相应。所以，西欧人头发呈现金黄色，看西欧人种有金秋之象。头发本来是以黑色为正，欧洲在大西洋西风暖流的影响下，也就是在温带海洋性气候的影响下显现金黄色。在气温 0～20℃ 的环境中，产生的天地阴阳水火之气的阴阳五行的金行显著，强金的肺脏是肾脏之母，在肺金王气的作用下，肺金所生的肾水金气旺盛，使肾脏之母的肺金之气占主导地位，人天相应，在西风肺金当王之气的影响下使肾水所生的头发呈现出金秋之色显现肺金王气的作用，在外华上使头发呈现出与肺脏相应而于自然为一体的秋季成熟丰收的金黄之气色，肺脏与秋季气温相应，这是对自然界地理气候规律的一个反映。

所以，欧人被金秋之气所统辖。因此，看西欧人有金秋之象，这是天人合一的哲学道理，毫无人为因素。但金发碧眼随着经度的增加而减弱，也就是随着温带大陆性气候的增加而减弱，皮肤、眼睛、头发、骨骼和所有的特征都在随着温带大陆性气候的增加而减弱。这种明显的规律与气候特征完全一致，使天地人合而为一，使人和自然为一个整体。气候是人种和物质产生的根本因素，使人种在原始气化产生时就已经赋予了先天不同的本质存在，这种内因存在具有稳定性。欧洲民族位居世界西方，西方合于北斗西指、合于西风大西洋暖流气候、合于白色、合于万物成熟而又气体完备、合于白虎星座、合于人体肺脏。欧洲民族深受西风气温的影响而禀承和感受了自然界的西风之气而生，使西风肺金成为当王之气与天地人合和而为一。西伯利亚延伸至库页岛一带的白人区大部分是从400多年前逐渐攻克亚洲大陆而移民所致。

2000年南方出版社出版的《世界通史》中说：“西欧或西伯利亚人的鼻子高大是因为西欧酷寒的气候所至，并说鼻子高大是在呼吸时外部空气进入呼吸道的距离增长，使气候变得暖和些。这种说法没有足够的道理，西欧的气候恰恰相反并不酷寒，即便是北欧，其气候深受西风带和北大西洋暖流影响，使北欧的气候成为温带海洋性气候。1月平均气温在0℃左右，位于北纬70℃的挪威海港冬季海水不结冰，冬季温和，7月平均气温在10~15℃之间，夏季凉爽。所以大鼻子是酷寒的气候所致的说法是毫无医学道理和科学道理的，这是根本不正确的，他们对欧洲的气候没有仔细分析，这是有误于后代的。至于大鼻子加热空气的说法更无科学道理，如果这样说的话，那么，深受大西洋暖流气候影响的欧洲人的大鼻子又该怎样解释？难道欧洲人的白皮肤、黄头发、蓝眼睛也是寒冷的气候所致吗？世世代代生活在北冰样的爱斯基摩人，才是身处真正气候最酷寒的地区，他们的小鼻子又作何解释呢？他们的小鼻子、黑眼睛、黑头发、黄皮肤等在寒冷的气候下并没有改变。气候对人体的化生具有整体效应，也就是说气化现象本身就是一个整体效应，这种效应其实就是一个人种公式，如西风、暖流、肺脏、白色、高鼻梁、深目、金发、体毛繁多等等。

气候对人的鼻子是有一定的影响，但不是根本性的决定作用，对已形成的人种没有多大影响，但绝对没有巨大或者整体的改变，对已形成的人种是不能改变他们的所有人种的本质也即人种公式的所有特征。亚洲的最南方气候炎热，印度尼西亚被赤道穿过，大部地区属热带雨林，终年高温多雨，所以火气重而水气也重，由于火克金的缘故（心气克肺气），所以鼻梁塌陷。印度尼西亚曾发现过爪哇猿人，而其他特征也随之显现与亚洲大陆的人种特征又有不大的区别，这是因为这一地区增加了火气，气候对人种的某一个部位的影响不占主导地位，它的整体效应往往与诸多的特征相互统一，但隆鼻绝对不是为了加热空气才使鼻子变大的，爱斯基莫人的小鼻子就是例子。

在水土、气候的综合作用下，也即内因和外因的全面影响下才有效应。在自然规律及其条件的作用下，人在化生的时候气候影响的是整个人体的内部脏腑从而确定了人种的内在本质，根据内在本质确定外部特征，根据内因和外因的统一产生出天地人合而为一的人本天地的特征，也就产生了与其他地区存在差别的外部器官和肤色形体特征。人体的外部器官现象是根据内部的脏腑情况而产生的结果，怎么能够仅仅凭一地的外部气候来定论所有人种外部的某一个部位呢？因此，大鼻子是因为加热空气而变大的说法没道理，这是违背内因与外因的辩证关系，没有哲学义和科学义。在大西洋暖流条件下人的大鼻子和西伯利亚人的大鼻子是没有本质的差别，反而说明了在寒冷北极爱斯基莫人的小鼻子并没有变大的真理，进一步证明了辩证唯物主义内因与外因的辩证关系。大鼻子是寒冷气候所致，是为了加热空气而生成的这种学说是从主观的意志随意推断出的结论。他们根本没有考虑到内外两方面的互相联结，也没有发现一事物和它以外的许多事物的互相联结。

脾脏开窍于口，嘴唇是脾脏的延伸物，西欧人种嘴唇薄于其他人种，尤其是上嘴唇，这是脾土生肺金的缘故。土能生金，肺金旺盛了，土气必然耗弱，所以，肺金之气旺盛，即脾土之气被耗，从而脾脏所主的嘴唇随之变薄。

生殖器、体政、音质方面：肾的延生物是生殖器，通称外肾。由于肺金生肾水的缘故即肺气生肾气，所以肾气盛。由于脾土能生肺金，金气旺盛则脾土被耗削弱，肾就无所克，肾气就盛，所以西人肾脏的延伸物生殖器就大，仅次非洲黑人。肺脏属金、属白色，金能生水，又反居于水中，水有流动性，金又能浮于水面，故西人普遍游泳性最强。白色属金为肺，西人手太阴肺经气血旺盛，肺气和呼吸强于其他人种。肺主皮毛，所以西欧人种体毛繁茂于其他人种。《内经》说："肾脏者作强之官，伎巧出也。"肺金又能产生作强之官的肾脏即肺为肾之母，肾气得母气滋养，所以肾气盛主强悍，主伎巧，西人的肺系统强盛，肺活量大，所以奔跑仅次于非洲黑人。由于西欧人种的上体，手太阴肺经气血旺盛于其他人种，因此，主上身运动的拳击运动出自西方。西人发音鼻音重，音细，鼻音属金，其声象金属之音。白人属金，金出于土，也能承载重量，所以在举重方面也强。肾主骨，白色属金，金能生水（肺生肾），所以白色人种的骨骼身高普遍高大。《素问》中说："肺脏者相傅之宫，治节出焉。"是说肺脏是主管治理的器官，金主革新，西人善于革新。因此，西方民族在制度管理方面很早就强于其他民族了。物也象人，金性刚断，故对其本人种来说在其内部制度的公正方面也普遍强于其他人种。孔子《家语》中说："西戎之人衣而无冠。"金主裁断，故西人早于其他人种断发无冠，衣着短而精悍，这是金属裁剪杀伐之气所致。西人属金，金主革新，主杀伐，西人性喜金属和庞大的机器群落。无论是军事战斗群落，还是天上飞的机器群落，还是地上跑的或是海中游的，还是遨游于太空中的飞行器，无不是反映金行的特征。西人团结力强，注重包装，是金能凝聚和出于土石的缘故。欧洲军队整齐化一，军人机械式的军事动作无不体现金行的特征，这些无不是欧人首创。这就是金气所致。《春秋文耀钩》中说："气随人形。"

（3）黑色人种

非洲地跨南北两大半球，赤道横贯中部，大部分地区属热带草原气候、高温，全洲大部分地区属干旱和半干旱。全洲3/4的地区在南北回归线之间，95%的地区是热带和亚热带。热带和亚热带面积广大是全世界其他各州与之无法相比，非洲北部有着广大的干燥区，全州大部是热带草原气候，一般各月平均气温在24~28℃以上。气候特征是降水稀少，全年异常干燥，气温变化剧烈，蒸发量大，干湿季节变化明显。整体上以热带草原气候为主，以热带沙漠气候次之。热带沙漠气候特征是降水量稀少，年降水量少于200毫米，热带沙漠气候总体上终年受副热带高压带和信风带控制，降水稀少，平均年降水量少于200毫米，再加上高温，蒸发量很大，造成气候异常干燥，气温变化剧烈。

北非夏季月平均气温常在35℃上下；冬季平均温度16℃左右；终年高气温差大，一般在17~22℃之间，降水量很少，一般在100毫米，少的几毫米，甚至完全无雨。热带草原气候占非洲面积最大，从北、东、南三面包围热带雨林气候区，呈一马蹄形，大致包括北非高原的南部，东非高原的赤道两侧，南非高原的东部及刚果盆地南部，形成了非洲最大的热带草原气候区。在非洲古人类化石的发现地，在东非高原的热带草原气候中最为集中，年气温干湿季节明显，湿季时间少，湿季时气候与热带雨林相同，降水量在500~1000毫米。干季时间多，干季时则具热带沙漠气候特征，甚至完全无雨。年各月平均气温24~28℃。而最早的埃及古猿的发现地属于热带沙漠气候。

热带雨林气候区包括刚果盆地的中、北部和几内亚湾沿岸地区，这里的气候特征终年高温多雨，月平均气温在25℃以上，年降水量超过1500毫米。地中海式气候和高山气候只占北部非洲的很少部分，从现在的各个国家来看国界线多为直线，这是西方殖民者在划分殖民地时因为河流少而造成的。北非的许多地方7月可出现50℃以上的高温，利比亚的济济亚绝对最高温度达58℃，是世界上最炎热的地方。南、北回归线横贯非洲南、北部使非洲广大地区，特别是宽度较大的北部地区终年处于副热带高压带的控制之下，又受来自西亚的干燥的东北风影响，形成非洲面积广大的干燥的气候区。全非洲近一半地区属于干旱，还有一些地区属于半干旱，非洲东高西低的地形阻挡了来自海洋的东南信风深入大陆内部，更加强了非洲气候的干旱程度(《世界地理》)。所以其地受西亚东北风的影响多。

从总体上看，它的大部地区干燥，气候类型南北对称，有热带大陆之称。近代学者研究非洲两岸皆水，但海岸线平滑也是造成降雨量少的一个重要原因。2000 年南方出版社出版的《世界通史》中说：“非洲黑色人种是太阳高温照射所致。”这种说法非常欠妥，只认可外部太阳照射的条件，否定内部的根本原因。《世界通史》中还说：“非洲人的黑色是由于强烈的日照使皮肤中的黑色素增加，在赤道热带地区为黑色，随着赤道纬度越高的地区肤色越浅，而黑色的肤色能保护皮肤不受强烈日光的损伤，寒冷地区的肤色浅，可以保持体温。”仔细想一想这两句话，就是单方面认同外因条件，严重忽略事物内因占主导地位的作用，单方认同强光照射的外部原因，而否认气候和水土生成的内部原因和整体自然生发的气候规律效应。如果是这样的话，就不能从根本上认识事物的本质，这是毫无医学道理的，更不符合辩证法。

我们知道强光照射只是一个外部条件，根本的还在于他们先天的本质内因。事实胜于雄辩，生活在赤道附近的居民和国家以及民族很多，这些国家和人民在强光的照射下并不都是黑色，如大西洋诸岛、太平洋的诸岛、印度尼西亚、巴西北部、厄瓜多尔、巴西北部哥伦比亚以及在印尼的莫佐克、特里尼尔有巨今 15 万 ~50 万年前的晚期猿人，它们的进化已经历了相当长的时间，这些客观存在都可以证明那里的土著居民并没有因为在阳光长期的世代照射下成为黑色人种。

一个人种不仅仅只是由一个黑色来反映的，是在整体效应的影响下所产生的所有符合人种公式的黑色人种的特征。一个人种的色泽是由它的内因来决定的，一个人种是要具备所有的本人种的特征才能称为这个人种，仅凭一个特征或条件是远远不够的，最重要的是这样的理解和认识是没有任何哲学意义。我们知道，生活在北冰洋寒冷地带的爱斯基摩人也并不是浅黑色而他们的耐寒能力却超过了任何人种，北冰洋最低气温达－52℃，最热月的气温不超过6℃，那里的各种条件是世界上最差的，他们却生活了很多个世纪。

亚洲和西欧人即便是烈日强照显现出来的黑色与非洲之黑是本质上的完全不同，这种不同避一段时间的日光就可以复原，生下的孩子不仅没有日照的遗传，反而很白，这就是本质的体现，这就是真理所在，这就是事实胜于雄辩。**黑色的皮肤能保护皮肤不受阳光灼伤，恰恰能证明黑色为水精之气即水能克火的中医理论**。这是由内在的本质引起的自然现象和反映，这就是大自然无为而无不为的结果，并不是一层简单的薄皮肤的问题。如果是皮肤的话，和它关联的内因又是什么呢？人又如何适应大自然的环境呢？人的一切特征和现象都是符合自然界的自然规律，人与自然是一个统一的整体，不可以分割看待。

非洲，赤道横穿它的中部，温度越高蒸发量越大，使得本来干旱的非洲大陆越发干旱，从总体上看高温、缺水、干旱。“天一生水”，物质生长的首要条件就是对水的需求，物极必反，越是缺水的地方，地上地中的水气就越少，能够化生的生物储存水和得水的功能就越强于其他地区的生物。生物的化生在共性的基础上首先需要的是水。水是生命的源泉，为了适应干旱的气候条件，在湿季雨水到来时机非洲的一些植物都有储存水分的构造如：波巴布树等内部储存有适应植物足够的水来用以生存和防止强光的照射，以适应水克火的当地环境，这是内在的原因。这种树，砍破它的表层，就可以得到足够几人饮用的清水、动植物一样，生物为了适应环境，自然产生得水气的储水功能。

先有条件后有生物，与植物一样人在生成时也同样需要储水的功能。人又为万物之灵，得水之精气最为灵敏，水精之气为黑，水气偏重，得水精之气而生是为黑色，黑色属水，这是黑色人种的主要矛盾，是黑色人种的本质，同时又相应与北风。黑色是从本质上反映出来的一种得水功能的现象，非洲赤道中部的人又黑又亮，正如《素问·五藏生成》中所说：黑得像乌鸦的羽毛。非洲气候温差小，没有气候大差别和季节上的大差别，大部地区长年热带、高温、干旱，有热带大陆之称（阳光灼热之地）。因此，为适应生存的需要，生物自然产生抗旱储水的功能。天地阴阳之气在炎热干燥之气的条件下，物种化生时五行之气使生物得到水气的功能就无所克，人又为万物之灵，当雨季到来时这种功能不断增强，长年为水精之气所统。这种气候与人体肾脏相应，对肾脏有巨大的促进作用。所以，非洲人是以肾水为气化的始点，以肾为系统的人体器官就发达于其他系统的器官。

水行之气旺盛了肺金之气必然消弱，肺所主的白色就衰退。得水之精为黑，所以长黑不变。水行之气所统的所有系统就发达于其他人种，水主北方，性寒、黑色、咸味、主骨，开窍于耳朵，水在人体为肾脏、膀胱、生殖器。物质的多样性是从物质自身的永恒运动中产生的，所以，天地阴阳二气的内部运动形式就与其他大陆阴阳合气的内部运动形式不同，这是炎热干燥和高气温落差小而造成的根本内在原因。生物对水的需求强于其他洲，阴阳内部运动的得水功能就强于其他大陆，因此生物的阴阳五行的水行之气就显得格外强盛。水之精为黑，气化现象也就自然形成了人与自然相统一的天人合一的黑色人种，这种现象自然适应水克火的自然环境。

《素问·天元纪大论》言："在天为气，在地成形。""气"指气候。老子云："阴阳精气为人。"这是根据地球各个板块的实际情况而言的，人最能反映天地的气候特征。所以，非洲人的产生是水精之气的象征，非洲中部随着纬度对称的增高黑色逐步变浅，随着纬度的增高地方温差和肤色差别也就越明显，黑色也就越来越浅。到南部非洲和北部非洲有地中海式气候夏季炎热干燥，冬季温暖湿润，最热月平均气温在25℃，最冷月平均气温也在10℃，南部非洲和北部非洲为地中海式气候，人体不需要储水的功能，水精之气所统的黑色随之消失。南部霍屯督人和布须曼人的肤色即为黄褐色。非洲的人种既便是浅黑色也是本质上的黑，这是在热带草原气候下水行功能大气候所统的象征。

人为万物之灵，那里的居民在气化化生的时候，由于阳光在最强的赤道部分照射，所以，非洲的生物由于干旱缺水的原因而得水精之气的功能就最强于其他地区的人种和物种，这是物极必反的道理。非洲中部太阳照射最强，人和生物储存水的功能就越强。因此，非洲中部的人最黑最亮，水精之气最强，储水功能也就最强，耐饥渴的能力也最强。皮肤发亮是因为水的外华光亮，所以又黑又亮，与其他人种相比最不怕阳光的照射，这是因为水能克火的根本原因。随着纬度对称地增高，黑色和亮度也就逐步对称地变浅，储水功能也就越来越弱，其功能也随之减弱。

植物的储水功能也是这样，从赤道中部开始这是一个由强到弱、由多到少的数量的变化，其实是一个由量变到质变的过程（也就是数的变化过程）。在《马克思主义哲学原理·质量互变》一章中例举了颜色的例子，在很长的时间内，人们不能解释红、橙、黄、绿、青、蓝、紫等各种颜色之间何以存在着差别，后来发现颜色质的差别决定于量的差别。即电磁波波长的差别。

马克思说："量是事物本身固有的标志事物的范围，等级和次序的规定性。"马克思精辟地说明了事物的本身固有，等级和次序的科学总结。《马克思主义哲学》中说："没有质的量和没有量的质都是不存在的。质还严格地规定着量的活动范围和界线。反过来量也制约着质。”可见颜色取决于量的差别，是它的本身固有（实际内因），由于等级和次序造成了万紫千红的多彩世界。我们就是根据马克思的见解并结合实际，本着一切从实际出发和实事求是的原则去分析和判断客观事物。

非洲的民族在热带草原气候下得水精之气的气化而生，产生出与自然相统一的形体，自然而然地适应于自然界，自然而然地适应于热带草原气候、炎热干旱的热带草原气候使其禀承吸收了自然界的水精之气而成为黑色。黑色属水，水能克火，这就造就了黑人最不怕炎热阳光灼伤的根本原因，使得那里的人们与那里炎热的自然界从根本上自然而然地合为一体。这就是自然界无为而无不为的作用，这就是天人合一的伟大真理所在。

水的精气合于黑色，合于咸味，合于万物收藏，合于人体肾脏，肾主发主骨主瞳孔。非洲之人禀承水气而生，因而水脏系统最发达于其他人中，黑色人种的水脏和储水功能是其人种的主要矛盾，肾得水的本气而生为黑色，肾脏为水气之本与自然水气相应得水精之正气而为黑色，瞳孔属肾，眼睛瞳孔得到他的本色为黑色，肾气生肝气即水能生木，所以肝得水气的滋润在眼中圈呈现出肾水黑色或木的褐色。黑人鼻梁下陷，赤道中部最低，黑人比其他人种的鼻梁普遍低，这是炎热的火气克肺金之气的结果。从最炎热的赤道开始，鼻梁随着纬度的增高而增高，也就是随着气候炎热的递减而使肺脏的本气增强鼻梁也就有所增高。由于其地理东高西低阻挡了东南风，受来自于西亚干燥的东北风影响，形成广大的干燥气候区，所以合于北风、合于水精之气、合于黑色、合于咸味，合于万物收藏、合于人体肾脏。

脾脏属土，开窍于口，脾土在人体中主管疏通，它的性质主调和，它延伸在人体外的就是肉和口唇。非洲大陆赤道横穿它的中部阳光灼热95%的地区属于热带和亚热带。属长年高温，人体内以水气所统，脾土又恶湿喜燥，燥能使土气扬，土性厚重又能将水掩起有储水之象，因而黑人嘴唇普遍又厚又大。所以，脾土的延伸物嘴唇就外翻。自然界无为而无不为，这是自然现象，是天人合一的结果，是人本天地的反映。因此，孔子《家语》中说："观其人皆知其天地之理。"

生殖器、体政、音质方面：根据中医理论，"得水之精为黑"，黑色属肾，肾脏开窍于二阴、主水，生殖器是肾脏的延生物，通称外肾。因此，主要矛盾的水脏黑色物系统就最发达，储水功能强大，由于长年为水精之气所统，水的本脏肾脏就无所克，所以，非洲黑人的生殖器是人种之中最大的。黑色属水，水性四溢漫延，因此，非洲黑人人体延伸出来的四肢比其他人种细长。炎热高温火气重，火能克金，所以，鼻梁普遍低于其他人种。从非洲中部鼻梁下陷最低并按纬度依次递升而增高。这是高温和热带草原气候逐步减弱的结果。一切特征都相应的随着自然界的变化而变化。黑色人种水音重，发音象水声，这是水脏肾脏所主的缘故。黑人属水，水的承载能力不如土和金，在举重方面普遍次于黄人和白人。肾属水主骨，所以黑色人种骨骼身高普遍壮而高大。

《内经》中说："肾者作强之官，伎巧出也"。"作强"是说主强盛的器官。黑色属肾脏，足少阴肾经气血旺盛，再加上长于其他人种的四肢，就使得非洲黑人的奔跑能力普遍最强于其他人种，这是肾脏本气主强悍的原因，也是由于水的流动性能普遍快于木、土和金的原因。人体小腿像肾，肾又为作强之官，黑人肾系统最强，所以主小腿运动的踢踏舞出自非洲。非洲黑人得水之精气而为黑色、属水，水与水为互相融合，所以，非洲黑人从普遍性上来说，在游泳方面普遍落后于其他人种，这是水在水中而难行的原因。至于个别人的游泳之冠那也只不过是极个别的特殊情况，不能以点带面，这是从普遍性上而言。由于体内储水的原因，在同样缺水的情况下他们的耐饥渴能力又强于其他人种。水性寒，所以黑色人种不仅能抗炎热，而且耐寒功能也强于其他人种。物也像人，水性光泽，黑人少衣着。《春秋文耀钩》中说：“气随人形。”

由此可见，世界一切事物都是阴阳五行规律的变现，天地间行气之义，无能逾越此五种性能与作用。一切事物都包含在阴阳五行规律之中，世界上没有脱离阴阳五行的事物。鲜明的人种就是很好的论证。因此，由人种可知气候，由气候可知人种，天地阴阳合和的气候进一步反馈了阴阳五行规律。由于气候的五行规律，化生的一切事物无不是阴阳五行规律的变现，而人又是天地万物之灵，最明显于其他事物而深刻反映着阴阳五行规律特征的精神本原又与自然界的规律统一相合，进一步说明了由阴阳合气产生金木水火土五行气候特征的物质本原和五行气候特征的人类存在。所以，通过具有金木水火土（青赤黄白黑）特征的人类可以反馈阴阳气态的总规律，看到阴阳五行气候特征的存在，了解世界气候特征和宇宙一切事物的根本。

《辩证唯物主义·对立统一规律》中说：“每一具体事物只有在一定条件下才能产生，发展和趋于灭亡。”因此，没有离开条件而产生的人种。条件是产生物种的根本，有什么样的条件就有什么样的事物。在没有产生物种之前，物种的内容就已经在气物质的不同条件运动下酝酿不同的内部而产生自己的运动形式，从而化生出不同本质的物种。所以，条件和内容相互统一、相互依存、相互反映。因此，人是天地之气的精华，并且人种的生活习俗也与气候形成一致的规律习惯，世界上不同的人种都有不同的生活方式，这些无不与气候密切相关。非洲人种是水精之气的精华，是以水脏系统为主的人种。水之精气为黑，反映着热带草原气候。欧洲人种是金之精气的精华，是以肺金系统为主的人种。金之精气为白，反映着温带海洋性气候。亚洲人种是土木之精气的精华，是以土脏和木脏系统为主的人种。土之精为黄，木之精为青，青木秋冬凋零，土气统之，土之精气为黄，反映着亚热带季风和季风湿润性气候。

表2　天人合一人种公式表

	东方	南方	中	西方	北方	属性
天	北斗东指	北斗南指	太一	北斗西指	北斗西指	北斗
	苍龙之象	朱雀之象	太一	白虎之象	玄武之象	四象
	木星	火星	土星	金星	水星	五星
	东风	南风		西风	北风	风向
	风	热	湿	燥	寒	五气
	温暖	暑热	安静兼容	清凉	寒冷	性质
	运动	躁急	化生万物	加固	收藏	功能
	发散	明达	安静	强劲有力	静止	作用
	阳和	盛热	蒸腾云行	雨施雾生	露降霰撒雪飞	时令
	生	长	化	收	藏	五化
地	春季	夏季	长夏	秋季	冬季	季节
	青色	赤色	黄色	白色	黑色	颜色
	荣美	繁茂	盈满	收敛	万物肃静	变化
	平和	润泽	显明	清净	寒	本质
	陨坠	发生火灾	久雨溃堤	草木凋落	冰雹非时而降	危害
	木	火	土	金	水	五行
人	肝	心	脾	肺	肾	五脏
	眼	舌	口	鼻	耳	五官
	目	耳	口	鼻	二阴、耳	开窍
	看、视觉	听、感觉.	吃、味觉	呼吸、嗅	排放、听	功用
	筋	血脉	肌肉	皮毛	骨隋	人体病变
	呼	笑	歌	哭	呻吟	五声
	愤怒	喜乐	思虑	忧愁	恐惧	五伤
	握	气逆	干哕	咳	颤栗	人体变动
	酸	苦	甜	辣	咸	五味
	角	徵	宫	商	羽	五音
	臊	焦臭	香	腥	腐	五气
	劲项	胸肋	背	肩背	腰股	病位
	木器音	火音	土器之音	金属之音 即鼻音重	水音	发音

亚洲蒙古中华黄白人种		澳大利亚赤色人种	在人体为肉	西欧白色人种	非洲黑色人种	生成的人种
新生儿背部有蒙古斑（青迹中国青）面部偏平，五官平整，黑眼睛黑头发，头发普遍顺直，皮肤黄白，体毛和胡须稀疏，身高普遍低于其他人种。内皆皱辟和铲形门齿出现率较高等		肤色为棕色、棕黑色，头发直或呈波浪形，额头与下颚突出，眼睛深凹，鼻子扁平，嘴唇厚，但不像黑人那样外翻等等	中央属土黄色主之	皮肤白皙，颧骨高突，眼窝深陷，大高鼻子，头发浅色，眼珠多为碧蓝色或恢褐色，一部分人是金发碧眼，嘴唇明显较薄，尤其是上唇较薄，体毛繁茂发达等	肤色纯黑，赤道地区的人又黑又亮，随着纬度的增高肤色也就越浅，头发短而卷曲，鼻子宽大，四肢较长于其他人种，体毛稀疏。嘴唇又厚又大并且凸出外翻等等	人种突出特征
黄色属土，土克水，木耗水。是脾克土，肝耗肾故生殖器最小		赤色属火，畏惧水。火盛水弱，火克金，是心克肺，肺生肾受克，生殖器属中	黄色属土，土能克水，脾克肾故生殖器小	白色属金，金能生水，是肺生肾故生殖器仅次黑人	黑色属水属肾、得其本气故生殖器最大。肾水克心火、心火系统弱	生殖系统
	土水气盛	火气盛	土气盛	金气盛	水气盛	五行盛衰
游泳	木浮于水，土又克水故游泳强	水克火，故游泳差	土克水，游泳较强	金能生水，又浮于水、故游泳最强	水溶于水，故游泳最差	游泳
运动	青色属木，黄色属土，土性重，木又定土中生长、故跑步最差	火被水克、故游泳较差	土克水、土主重量，故跑步差。兔子和马口唇缺，因此无脾无重量、所以善于奔跑	金主肺主呼吸，金能生水、水主强悍，故跑步，仅次于黑人	黑色属水属肾、肾主强悍、水的流动在五行最快，故黑人普遍跑步，强于其他人种	运动
五脏与技巧	肝脏者将军之官谋虑出也，黄色人种五脏五气适中，所以全身运动的武术运动出	心脏者君主之官，智慧出也	脾脏者仓廪之官，水谷出也。	肺脏者相傅之官，治节出也。白人善杀伐，主治理，所以制度强。西欧人种手太阴肺经气血盛，所以拳击运动出	肾脏者作强之宫，伎巧出也。所以黑人主身体强悍的运动。小腿像肾，故踢踏舞出。水性四溢蔓延故四肢最长	五脏所主与技巧

五官升降	肝开窍于眼，畏惧金属、白色。故金气太过眼睛受克眼眶眼睛就下陷，皑皑白雪可致雪盲	心开窍于耳，延伸物是舌，心属火，故舌为心之苗，所以舌头最不怕烫。火畏惧水，水气太过心火受克	脾脏开窍于口，畏惧青色属木。木气太过则脾气受克。在人体就是口小，反之就是嘴唇厚大	肺脏开窍于鼻，肺金系统旺盛，肤色就呈现白色，由于金克木，属木的系统眼睛受克眼眶就下陷故西人白色又高鼻深目	肾脏黑色属水开窍于二阴，也开窍于耳，畏惧土。土气太过肾脏就会受克。由于非洲炎热干旱，火能克金故鼻梁塌陷	
嘴唇	中华人种五脏得气适中故嘴唇不薄不厚	火能生土、嘴唇厚，因体内无须储水功能所以嘴唇并不外翻	五气适中五官就适中。所以，嘴唇适中，不薄不厚	土能生金、脾土被耗故嘴唇最薄，尤其是上唇	炎热而旱脾土厚重是框储水之本，故嘴唇又厚又大且外翻	
	李	杏	枣	桃	栗	果类
	核仁	丝络	果肉	外壳	液汁	果实
	毛虫	羽虫	倮虫	介虫	鳞虫	虫类
	犬	马	牛	鸡	猪	蓄类
	麻	麦	稷	稻	豆	五谷
	易受摧折	易发燃烧	易发暴雨或霪雨连绵	万物肃杀	冰冻寒甚	变动
	里急胀满	肌肉跳动身体抽搐	否塞	咳嗽	气逆、阴阳虚症	病症
	中坚	脉络一类	皮肤一类	外壳坚硬	液体一类	物体
	3+5=8	2+5=7	五	4+5=9	1+5=6	河图成数
	震	离	坤	兑	坎	卦象

由前文可知，宇宙中的所有星系都由“一气”而生，无论是任何一种物质和人种都有者共同的“元气”即共同的祖先（即人与万物有着相同的基因部分），也就是马克思的“一元论”部分，这恰好证明了化学家对有机物与无机物，植物与动物之间没有严格的界限，彼此之间是统一的科学论断。所以，各人种是在共同的“元气”下根据不同的自然条件和阴阳五行规律而产生的，在不同的地域和气候条件下随着环境的变化而化生出适应于该地区自然环境的人种，自然就与自然规律相统一。天对人都是平等的。所以《素问·天元纪大论》中说：“在天为气，在地成形。”这里所说

的“在地成形”是普遍性与特殊性的辩证关系，什么样的母亲就能孕育什么样的子孙。《素问·宝命全形论》提出“人生于地，命悬于天，天地合气，命之曰人。”这里把天地和人看作是父母和子女的关系。《庄子·大宗师》说：“其故好之一，其好之一也。其一也一，其不一也一。其一与天为徒，其不一与人为徒。天与人不相胜也，是之谓真人。”是说无论人们喜好或不喜好，天和人都是合而为一的。无论人们认为天和人是合一或不合一，它都是合而为一的。认为天和人是合一的就和自然同类，认为天和人是不合一的就和人同类。把天和人看作是不对立的，这就叫做真人。

由此可知，我们中华母亲造就了中华民族。现今人类考古学家从人的共同基因或共有的化石发现所有人种之间有着惊人的相同，就抛弃特殊存在而“视为”用事。根据化石发现的最早年代来确定人种产生于某一地区，这样做不仅否定了人种多样性存在的本质，同时，也否定了自然界的各种气候条件和物质的多样性的存在规律。人种包含着自然界的很多自然条件和宇宙信息，否定其他人种存在，就是肯定共性而否认特殊性存在，就是否定人与自然界密切相关的诸多自然条件和自然条件所关联的一切事物。这是没有从哲学这个根本问题上去认识事物的本质，所以才有了不同的结论。一旦从哲学上认识到这个问题，恰恰能说明马克思的普遍性与特殊性的辩证统一关系和人种起源与自然界的辩证统一关系，说明“一元论”物质的起源观点，说明人类人种相互对立、相互统一的共同和不同区别。然而不同地区相同年代化石的相继发现，正如前文那样恰恰以铁的客观实在性一次次不继地否定着他们相继的不同说法。所以人种的研究必须结合哲学、天文学、中医理论、地理、气候学，必须以天、地、人这一不可分割的自然有机整体理论来进行深刻的研究和认识。因为人和自然万物本身就是互相联系不可分割的有机整体，是父母和子女的辩证关系。

脱离了这些自然界区别性的特征存在，脱离了实际地域上的根本特征存在而去猜测人种的起源永远也得不到满意的答案，自然就会出现许多问题。出现问题是因为它不符合自然规律，不符合实际性和特殊性存在的根本原因。只符合“一元论”下统一存在的普遍性。如果是这样，那么，这一学科就会走向歧途，仅从基因或化石这一人类共性存在的方面研究定论复杂综合的人种起源而抛弃人类的特殊性去研究，就是抛弃了他的客观实在性，就会出现“视为”的错误观点，这是极其片面和孤立的，是极其不科学的手段，最终会使人类付出惨重的代价。

用基因研究人种就会得出一切人种的统一存在部分，排除了人种之间的内部矛盾而符合形而上学的思想。抛弃人种的本质特征和地域气候的特殊性存在，也就脱离了事物的现实性，就是脱离了真正的人种学科，自然也就脱离了现象和本质的关系，脱离了人种研究的真正意义。人之所以有种别就是因为地域气候这个特殊性的存在才使我们的研究有了意义；否则，正如马克思所说：“事物的现象和本质直接合而为一，一切科学就成为多余的，所以从本质上认识客观事物始终是科学的根本任务。”对人种没有一个正确地认识理论，自然对全人类和彼此关联的事物就不能很好的认识。因此，认识自然界、认识人种存在，认识物种的多样性和统一性对自身具有觉悟性的指导意义。承认客观存在的人种现象，就是承认不同的现象有不同的本质、不同的原因有不同的结果，这是辩证唯物主义的理论根基。

2. 就其发形看亚洲人种发形黑而普遍顺直，西方人种发形普遍黄或黑，非洲人种发形普遍黑而卷曲。

《素问》中说：肾（水脏）中精气盛衰可反映在毛发上。滑寿注解说：“水出自高原，所以肾的精华在毛发。张隐庵说：“发是血之余，血属水类，水精奉心则化血也。”叶世杰《草木子》中说：气盛衰表现在眉毛上，血盛衰表现在头发上[1]。《类苑》中说：“发属于心，禀承火气而自上张；须属肾，禀水气而下生；眉属肝，禀木气而侧生。”[2] 李时珍说：发是血之余，所以能治疗血病，将发埋进土里，千年不会腐烂。用火煎至焦枯，又有水液渗出。

我们将头发透过阳光从一定的角度可以看到暗藏在黑发中红色的血液。由此可知，头发是心血与肾水的精华，是水与火的结晶，水在人为肾，火在人为心，心主血红色，所以头发是心火和肾水的产物，也就是原始天地阴阳水火在外的表现，故发为水火之精。而原始天地阴阳水火之气来自于当地的温度和天地水火阴阳气交，人得到当地的阴阳精气而生，发又是人的外华，最能反映内在的本质，是原始水火阴阳气候的反映。

亚洲人种禀承天地水火阴阳合气而生，在亚热带季风和季风湿润性气候的作用下，春季草木生发，肝脏属木与春季草木之气相应，木性生发，其叶伸展，其性直。松柏常青为木之精，为百木之王，多直而挺拔，故以松柏为比象。叶皮是木之外华，发肤是人之外华，亚热带季风和季风湿润性气候年降水量均等，温度阳光与降水量适宜，阴阳水火之气协调，因而发形黑而直。由于四季更替，秋冬青色消退而草木凋零。土主中央，使四季均等，四季相应心、肝、肺、肾。所以，五脏各得气适中，心血和肾水（阴阳水火之气）的产物各得其正，而肾脏得正，水精之气为黑色而使其所主的瞳孔和头发呈现它的本色——黑色。所以头发普遍直而黑，好似高山泻下的瀑布。

西风主秋，秋季为万物成熟而气体完备，成熟之气为金黄色，头发是肾脏所主，欧洲人禀承了西秋之气，在温带海洋性气候的作用下，使肺金

---

① 叶世杰《草木子》明代。
② 语出叶世杰《草木子》。

系统成为当王之气，强盛的肺金生肾水、肾主发又主骨，肺金气盛则它所生肾水的金气也盛，由于常年温差小被西风温带海洋性气候所统，使肾脏原本所生的黑色不能占主导地位，使肾脏之母的肺金之气占主导地位，肺金所生肾水金性就强，肾脏所主的黑色就消弱，水精之色消弱火精之色就强，火强水弱，是红色大于黑色，人体心血红色之气强于肾水黑色，因此头发和胡须就呈现为金黄色；眉属肝，禀木气而侧生。由于金强木弱所以眉毛也显金黄色，表现为原始天地金行气候的象征，人天相应，使西风肺金王气所主的人种头发呈现出金秋之色，西方金气又是成熟的季节之气，成熟之气又为金黄色与自然秋气相应。所以，西欧人头发、胡须、眉毛呈现金黄色，看西欧人种有金秋之象。欧洲黑发则是温带大陆性气候逐步取代大西洋气候的象征，大西洋气候越少头发就越黑。

非洲之人禀承了水精之气而呈现出水精的本色黑色，黑色属水，水性寒，水又属于致阴之物属肾，一切事物太刚硬就容易折损；太柔软就容易卷曲，黑人以储水功能为主，水性最柔弱，水属肾，肾又主发，所以发卷。《内经》中说："肾色黑，肾为至阴之脏。"由于水性寒，使万物收藏，那里的人，在化生时体内储水功能增强，水的精华在体内积蓄，水性寒又有收藏之性，所以，反映在体外的就是黑肤卷发具有收藏之象，收藏就是储水功能，这种黑肤卷发收藏之象最具有水性的真实表现之象。原始天地阴阳水火之气在热带草原气候的作用下，火气强盛，体内水克火的征兆使头发发生卷曲。这就是天人合一的自然体现，是对肾脏本质黑色、属水精之物的体现、反映那里的人体原始内在的天地阴阳水火精气。

任何人种衰老后头发都成为白色，这是因为体内肾脏和心血的气血衰败，头发得不到阴阳水火之气的供养，一切动植物的生命离不开水的滋润，肾脏又是水脏，水脏干枯气血衰败因此头发枯白。

3. 中国医学对东方人善于用右手，西方人善于用左手与东方人左耳目明，西方人右耳目明作了精辟的医学论述。

《素问·阴阳应象大论》中说：“天不足西北，故西北方阴也，而人右耳目不如左明也。地不满东南，故东南方阳也，而人左手足不如右强也。”是说天气（太阳黄道）在西北方是不足的，所以西北方属阴，而人右边的耳目也就不如左边的聪明。地气在东南方是不满的（东南方频临太平洋），所以东南方属阳（东南方日照时间长），而人左边的手足也就不如右边的灵活。这是说东南方阳气充盛，而人体的左面与东南方相应，所以亚洲人种左面的耳目灵敏。西北方阴气重，而人体的右面与西北方相应，所以，亚洲人种右面的手足比左面的灵敏。地球经纬度和地球板块的地理条件产生的地气和天气对人体左右气脉的影响，说明了人与自然界的密切相关，这同样是天人合一的阐述。西北方属阴（太阳不能使西北方常温，故西北方多寒流），就阴气来说，它的精华聚合在下部，下部旺盛了上部就必然虚弱，就会出现耳不聪目不明，而手足却便利了的情况。实验敲木器的声音从少半掩的门中传来，亚洲人左耳比右耳听得清楚，这就是亚洲人与欧洲人受自然环境使身体方面出现差别的根本原因。说明人体受自然界影响，阴阳之气与自然界相应而产生的左右不足的情况。

近代医学也证明了亚洲和西欧人种在用脑方面是一右一左。欧洲的西面濒邻大西洋，东面是亚洲大陆。亚洲东面是太平洋，西面是欧洲大陆，西欧人大多用左手，有些生活习惯也可以改变这种情况，左右不同的地气和天气使中西欧人种的左右手、左右脑、左右耳等人体气脉均受到相反的影响，使人体产生左右各不相同的差别，从而体现了根本本质上的不同。这完全是自然环境造成的人体内部气质运行差别的情况，也只有天人合一的地理差别才能造成这种人种上的差别存在。

4. 中国医学对人种体毛稀疏和稠密的医学论述。

李时珍《本草纲目》中说：头上的叫发，属足少阴经、足阳明经。耳前的叫鬓属于手、足少阳经。目上的叫眉，属于手、足阳明经。唇上的叫髭，属于手阳明经。颏下的叫须，属于足少阴经、阳明二经。两颊的叫髯，属于足少阳经，其经气血盛，那么就美丽而长；气多血少，就美丽而短；气少血多，那么少而恶；气血都少，那么那里就不生长。气血热，就黄而赤；气血都衰，就白而脱落。《内经》中说：足阳明经在下身的部分血气都盛，下部的毛美而好，可以上至胸部也生毛，那么血多气少的下部的毛美而短，血气都少的就不生毛。足少阴经在下身的部分血气都盛的，小腿的毛就美而长；血多气少，小腿的毛就美而短，血少气多的毛就少，血气都少的就不生毛。肺脏主皮毛，人体肺脏合于西风又主皮毛，西方人种禀承和感受了西风温带海洋性气候而生，手太阴肺经的气血普遍旺盛于其他人种，所以手臂和胸部的毛普遍美而繁茂于其他人种。金能生水，因此，足少阴经气血盛，所以须和小腿的毛就美而长，这是地理、气候、水土、时间等特殊性条件的化生所造成的，这就是天、地、人、合而为一的造化，并非西人的进化晚于其他人种。东方人种黄色为中和之气，气血普遍平和，五官平整，所以体毛普遍稀疏于西欧人种。黑色人种足太阴肾经的气血普遍旺盛于其他人种，因此，体毛次于白人。

5. 中国医学对亚洲人种与亚洲大地血脉息息相应的医学论述。

地球各大陆产生的合气是由当地的天地阴阳水火合气构成，阴阳合气是由一个地区的地理之气和天气相互作用，相互运动、相互影响、相互融合而产生的合气，每个陆地板块所产生的合气必定受地气的影响，地气中包含了大海、湖泊、大江、大河、湿地、山脉和森林之气等，这些气体和天阳之气相互融合形成合气，无形的合气化生有形的万物。人是阴阳精气的产物，为万物之灵，他的经脉是地气和天阳之气的综合体现，因此，人体内必定包含了江河湖泊的径流气息，人必定与天地之气相应，这是对自然界与人本天地的进一步论述。

《内经·经水》对亚洲人的经脉与地理密切相关论述得非常详细：亚洲人的足太阳经，在外与源出内黄，南经清泉县，东北流入黄河的清水相配合，在内与膀胱相连接。足少阳经，在外与源出陇西首阳县至华阴县入黄河的渭水相配合，在内与胆相连接。足阳明经，在外与广阔无垠的海水相配合，在内与胃相连接。足太阴经，在外与湖水相配合，在内与脾相连接。足少阴经，在外与源出汝南既定陵县，东南流入淮水的汝水相配合，在内与肾相连接。足厥阴经，在外与源出南郡番蒙山，东流入长江的渑水相配合，在内与肝相连接。手太阳经，在外与源出南阳郡平武县桐柏山，东南流入海的淮水相配合，在内与小肠相连接而水道得以畅通。手少阴经，在外与源出平原郡，东北流入海的漯水相配合，在内与三焦相连接。手阳明经，在外与源出蜀岷山郡升迁县，东南流入海的江水相配合，在内与大肠相连接。手太阴经，在外与源出昆仑山东北隅至积石山，东北流入海的河水相配合，在内与肺相连接。手少阳经，在外与源出河东恒县至王屋山，东北流入河的济水相配合，在内与心相连接。手厥阴经，在外与源出上党沽县西北少山，东流合浊漳入海的漳水相配合，在内与心包相连接。

所有这些五脏六腑，十二经水外有源泉而内有禀承，这些都是内外相互贯通，循环无端。人的经络也是这样，这就是亚洲人与亚洲大地母亲天人合一的相生血脉。地气升腾，天气下降。亚洲人吸收和融入了亚洲大地春和之气，融合了亚洲大地母亲的山河气脉。天、地、人合而为一的这些气脉是反映整体地理对人的直接作用。由此可见，地理对人种的密不可分的多种因素的直接作用，亚洲母亲赋予中华民族本质不同于其他人种的地理遗传特征，造就了不同于欧非人种的亚洲人种。

根据以上对人种的解剖论述可知，一切人种包含在阴阳五行规律之中。阴阳五行是宇宙的总规律，这一规律特征说明地球上包含着完整的人类，说明了宇宙信息规律在地球上完整的生发理论，从而造就了极其丰富而又多姿多彩的人种世界和物质世界，使我们看到自然界产生物种多样性的无限统一和完美性的规律存在。这种宇宙信息规律不仅仅只存在于我们的地球。人为万物之灵，随着天地父母的特征而化生出特征，这就是父母与子女的遗传关系，物种与条件的辩证关系说明了只有有条件，这一点才是无条件的绝对观点。那些仅凭各人种普遍存在的化石和共同的基因来否定多地域造就鲜明人种的学者是多么的狭隘，他们仅凭一隅之见就轻易否定宇宙事物之间彼此关联的内涵，显得是多么的无知。

否定人种存在是对一系列环境和气候特征的否定，是对自然界人种生态无意识的破坏。因此，他们的确应该提高中西哲学的理论增强综合学科的知识，这样才能担负起全人类的使命。17 世纪巴斯德以实验研究驳斥了自然发生论，从此对生命起源的探索整整沉没了 60 年，直到 20 世纪又重新开始了研究和探索。巴斯德对人类探索自然起到了巨大的阻碍作用。“非洲起源”说同样阻碍着人类对自然界的自然生发理论和人种与物种多样性的认识进程，这难道不应该引起我们的注意吗？一个民族想要站在世界的顶峰，一刻也不能停止思维，如果缺乏正确的哲学理论指导，那么，她就很容易被误导。

我们不难得知哲学义多科学义。哲学具有社会存在、方法论和世界观三大要素，是人类在长期的社会实践中获得认识世界观的重要理论依据。由于它具有极强的反复实践性和论证性，所以它具有极其重要而又正确的理论指导性。从人种化石到基因的辩证，从气物质到阴阳五行的哲学论证，从综合学科到人种的剖析，从万物的化生到生态的平衡无不说明人种现象和阴阳五行理论的吻合统一。圣人立下的理论教诲高出千古是如此的正确而无须质疑，中西哲学为人类社会奠定了正确的哲学理论根基是如此的难得，这些启发人类思想觉悟的学说难道不值得我们认真学习吗？

从以上理论论证的人种来看，亚洲人种为土行和木行，欧洲人种为金行，非洲人种为水行，纯种澳大利亚人种为火行。人种在地球上不仅青、赤、黄、白、黑五色俱全而且五色分明清晰可见，人种的性能与金、木、水、火、土五种性能的实际体能发挥相一致，说明了人是阴阳五行气候规律的变现，这五种形态都归属于不同地区的阴阳五行气态，阴阳五行气态又归属于原始气态，进一步证明阴阳五行总统乾坤，是万事万物的终极因素。由此说明世界上一切事物都无能逾越阴阳五行规律，世上没有脱离阴阳五行的事物存在。因此，运用五行思维，杂乱无章的世界万物才能理出头序，变成可以掌握、可以驾驭的东西，才能为人类更高的科学技术发挥巨大的动力源泉。

我们研究人种就是根据宇宙自然界的客观规律和人种的现实社会存在来证明哲学的正确理论，反过来又从哲学理论来发现人种存在与理论的真实价值，进一步证明事物多样性的社会存在，由此根据哲学理论来进一步指导我们的思想和行为。我们知道一门哲学能把每个事物从每一个方面都能解释得通，说得透彻的哲学才是绝对真理哲学。中西哲学和当代科学正是这样，无论是从黑色人种的体质、眼睛、口唇、生理、发形、力量，还是从西欧人种的白皮肤、金发、高大鼻梁、蓝眼睛、体毛、左右手、用脑等方面来对照亚洲人种的各个特征，他们之间的差别是如此之大，充分体现了自然界的巨大差别和无限统一。这种人种公式所体现的自然规律反映了不同的规律现象都能从本质上深刻说明外部特征的真实原因，只要略加观察就会发现很多根本本质上的完全不同，都会从中华哲学上解剖出根本的原因所在，也会应验马克思的内因和外因、原因与结果、现象与本质的精辟论断。这些根本的原因是自然界赋予天地生人生万物的普遍规律，是不以人的意志为转移的客观实在，是天、地、人合而为一的具体体现。

正如《素问·天元纪大论》中所说的“在天为气，在地成形”。“元气”所产生的天地阴阳合气都是根据当地的特殊性而产生的，化生出具有地方特色的事物，造就了普遍性与特殊性相统一的人和物，从而察觉到全球所有的普遍性和特殊性完美的统一结合，使我们看到一个五色完整的大千世界和普遍存在于宇宙中的阴阳五行规律。因此，人类与万物是大同中有不同，不同中有大同，更何况人种与人种之间的差别既微妙又共同。

人种布局规律与地球的动植物布局规律共同反映着宇宙规律以及地球和人类世界的完整性和完美性，并能与全球的天文地理情况和美妙完整的宇宙信息相通应。气候这个无形的特征是通过有形的事物反映出它的本质，进一步反映了马克思主义哲学中现象与本质的密切关系。环境条件是动植物生长最重要的因素，阴阳两气的平衡取决于环境的适宜程度，这对动植物起着至关重要的作用。太阳照射最少的地方是地球的南北两极，因此，南北两极阴气盛而阳气少所以被冰川覆盖，天寒地冻几乎没有植被和发育的土壤。从南北两极到赤道，阳气逐渐增多，动植物和发育的土壤也越来越多，这是阴气和阳气逐渐平衡的缘故，人体内的阴阳之气与天地之气相应。因此，在阴阳气候适宜的环境多出圣人。所以，不同地域和气候互为一体而形成统一的具有整体规律的效应，并通过板块现象来反映事物的各个本质规律，这是不可分割的理论，是产生人本天地的规律。

地理位置不同则影响气候不同，气候不同则影响物产不同，同时土壤受到不同程度的影响。因此，人类有着几乎相同的母亲——大地，却有着不同的父亲——气候。天地结合使人类产生了不同的内在要素，大地使人类有着共同的形体，气候使人类有着不同的特征。在炎热干旱的热带草原气候板块造就的具有储水特征的物种，在整体统一的环境下，非洲板块的热带草原气候只能是水精之气黑色人种的起源地，这一气候特征始终有它固有的运动范围。这就是自然界的规律，规律具有稳定性，是大地地理和位置的固有，这种热带草原气候始终存在于南北纬 10°至南北回归线之间的合适地区，很难在热带草原气候的一个点上出现温带海洋性气候，即便是出现也没有化生白色人种的可能性。因为，气生万物是气候条件的整体生发理论，具有大一统的生发功能。宇宙中的一切事物都是在各自的环境规律中产生和进化的。没有离开条件规律而单独存在的人和物，只有不同条件产生的不同事物，没有不同条件产生的同一本质。

近代“非洲起源说”的学者是不会懂得气候和条件差别对物种直接作用的哲学道理，无论是寒与热、燥与湿、春与秋、夏与冬、水与火、高山与平原把气候的内部矛盾运动看成是同一的，排除气候内部的矛盾运动差别自然得出人种同一的荒谬结论，这难道不是形而上学的基本信条吗？他们的理论认为“人类走出了非洲”，这样就必然出现对不同人种现象无法解释的原因，所以就随意推测，把自己的主观意识强加于客观事物。因此，也就出现牵强附会的解释，处处发生与现实相违背的事情。随着物证的出现不但不认真学习和研究探讨而且还想维护自己学说不败的抗挣，这哪里是学者的风范。至于蛇有两条舌头，朱砂恶磁石而畏咸水，羚羊角能击碎金刚石，依兰花只有女人去采才香，燕子戊己日而不衔土筑巢等等的微妙道理难道也是“非洲起源说”的学者们所能掌握的吗？他们很难掌握。

从各个人种的特征来看，人种的产生和进化在长期的发展进化中，中间没有任何取代和停留。如果人类走出了非洲，那么，黑人为什么没有走出非洲。在近代史以前欧亚地区为什么没有大量黑人，而非洲为什么没有留下一些其他人种。如果人类走出了非洲只能说是黑人走出非洲。现在大量的白色人种和黄色人种的规律性分布又作何解释？这种自然界的伟大力量也是人力所能为的吗？如果这些人的来历是随着地域的变化而变化成其他人种，那么，美洲或欧洲的纯种黑人为什么还没有变成白肤和金发碧眼，甚至一点点端倪都没有，即便是混血也不能可完全改变。如果这样变的话，那么，人类到了月球或其他星球上又会变化成什么样的人呢？非洲的黑色动物难道到了欧洲也能随着地域和气候变化而进化成白色或具有白色体制特征的动物吗？显然不是。

现代人类学家的观点是如此草率的，人类和各种物质已经具备的颜色和体质特征都具有内在本质的稳定性，无论你怎么进化，只能进化得更加完美，而内在的本质是不会改变的。进化是进一步地完善人和动物的形体特征和适应环境的功能能力，而内在的稳定的本质是不会改变的，它不会随着地域的变化而变化，这是辩证唯物主义的真理。我可以说："如果人种不混血，再过千百万亿年以至于永远也不可能改变人种或事物的根本本质。"这就是现实，这就是事实胜于雄辩，这就是真理所在，这就是辩证唯物主义的立场。

世界上不存在没有结果的原因，也不存在没有原因的结果。近年来在欧洲出现一白人妇女生出一黑一白两个双胞台，究其原因其父是一个黑人，这两个双胞胎已经包含了黑白人种的遗传特征。偶然性和必然性的辩证关系告诉我们，在他后人的某个时期或多个时期必定出现黑色或混血色。一切事物的发展都在遵循着自然界辩证法的规则，遵循着自然界规律的规律而发展进化。也只有遵循自然界的规律才能发展和进化，这是不得不产生和不得不进化的世界，这就是宇宙运动的绝对真理所在，也是不以任何人的意志为转移的客观实在。即便是混血，黑的还是不能变为纯白，他依旧永远有黑色遗传。这就是事物的内因所在，同时也是事物对其本质规律的体现。混血双方即便是在一个时期看似消失，但总会体现出它的本质特征所在，也必然在另一个时期出现特征反映，这是偶然性和必然性的辩证关系。

内因是事物的主要矛盾，它是相对稳定不变的存在，除了混血或改变内在本质，无论你在哪个环境都不会改变人种的本质。澳大利亚的一只羊曾产下羊人，究其原因是受精时误受了人精，如此违背自然规律的残忍事故，居然还有人说是新物种，难道这就是所谓“人”的行为吗？凡是超出常规的人兽之类的现象一定存在着人为因素。

在人类化石骨骼上，人种的骨骼化石具有普遍性，是不能用它掩盖所有人种不同的特殊性存在而“视为”用事，只有把事物的普遍性和特殊性统一结合起来，才能全面认识整个事物和我们的人种与人类世界，自然界用这一种自然规律来回答它和宇宙的奥妙，人类终究会领悟这个伟大的真理所在。从哲学上来看，认识规律坚持真理不是以个别权威人士的脸色而行事，而是以认识客观实践和事物的发展规律为条件。各人种之间，他们内在的本质和外部特征是如此巨大，充分说明了现象与本质的根本关系。尤其是近年来在中国新发现的各个年代的古人类化石有力地驳斥了“非洲起源说”，并且在各大洲基本都发现了远古相同时期的古人类化石，更何况活生生而又鲜明的人种存在，有力地证明了人类多地域起源和连续不断的进化史。

前文中的各种论述充分说明了古人类化石和哲学理论的统一吻合，说明了人类与万物生存的这个世界统一于环境条件规律的哲学观点，是一个具有完整性和完美性的多彩信息世界。因此，人种的多样性和多地域起源以无可辩驳的事实而客观存在着。随着人类考古和科技的不断进步和发现，越来越多的起源和进化证据一定会为人类一次次揭开人种多地域起源的伟大真理。以上论证和化石发现充分否定“非洲起源说”之类的理论模型，这种理论模型把自然界造就人与万物的力量看在了某一个点上，看的很渺小，否定了全球气候的多样性存在。没有全球性的大气效应就没有某一地区的气候特征和物种存在，地区气候是依赖于全球大气整体气候运动变化而存在的。有了全球性的大气存在，才根据地理条件出现了各不相同的地区性气候特征。所以，才产生了普遍性与特殊性相统一的人种和事物证明着气候与地理的共同和不同。

天不会只覆盖一方，地不会只承载一处。都是天地所生，日月所照，怎么能把天地自然造就万物的伟大力量看在某一个点或看在一个人和几个人的身上呢？难道天地只有那一片气候区的条件吗？所以，全人类和特殊性的各人种存在与天地自然界形成的完整统一的理论是如此相符相应而无须怀疑，反映着地球气候的本质规律和宇宙的所有信息规律，产生了既有统一性又有差别性的无限多样的事物存在。如果用“非洲起源说”的观点对其他星球的人类就无法解释。根据宇宙全息论我们可以知道，在我们的宇宙中所有人类必定大致相同，不能因为相同就说所有星球的人类都起源于某一星球或地球的非洲，这显然是荒谬的。所以，宇宙的哲学真理都是一样相互贯通，无论走到那里她都能够灵活辩证地解答人类和物质的存在问题，这就是哲学的意义。

我们现在看到一些对外星人的报道，由于宇宙具有全息统一的理论，信于否可以通过哲学的阴阳五行脏腑理论来判断外部特征和内部联系并推断出气候特征。根据宇宙全息统一理论和阴阳五行理论贯穿于宇宙的一切事物之中，只要有阴阳精气的人类就具有五行化五脏的特征，因此宇宙中的人都具有人的外部形体特征和脏腑特征，只是他们的特殊性又有不同。

1987 年苏联太空实验室宇宙飞船的导航员遇到一列光束“几个巨型的人型物体，他们有着翅膀，身上带有薄物似的光环，看起来有几百英尺高，而两翼张开，足有一架珍宝飞机那么大”。这些光影一直跟着宇宙飞船飞了 10 分钟之久，从宇宙飞船上摄影到的一部 43 秒影片便可以清楚地见到他们的形状。天文物理学家莫纳歌夫博士说：“那些东西毫无疑问是一种人形生物，……但他们有着人类的躯体。”这里所说“人类的躯体”具有宇宙全息统一观和深奥的哲学意义，同样说明了宇宙之中的共同和不同。中国的哲学和医学理论包罗万象，是如此的正确和不容怀疑，这是很值得我们深入探索和研究。因为它不仅仅只应用在医学领域，更重要的是哲学义多科学义以及在其他科技领域的应用，实践和理论都证明了中国哲学理论的高超。所以我们要尊重自然规律，遵守自然法则真诚的爱护我们的地球生态，爱护我们的人种存在。在我们的自然界中，人种这种自然规律的分布和纬度以及动植物的规律分布是如此合理地统一于自然规律和气候特征。人与物种的自然分布是人力所不能为的，只有大自然的自然规律才能造就人类人种和动植物的群体布局规律。

在我们的地球上，由于近代史的原因，使人种的地域性和规律性发生了人为的变化，在近代史以前各人种的生存一直遵循着自然规律的分布而很好地分布着。欧洲的航海大发现和工业革命使得非洲成为殖民国家，对人种的分布起到了一定的改变作用，对原有的人种板块地域产生了一定的冲击变化。随着过去的战争和现代陆、海、空交通工具的不断改善，人类局部一些地方的混血历史对整体人种起到了相当的冲击变化，但总体上人种的鲜明性依旧没有改变，可以说明地球的规律性和气候的特殊性布局存在。随着海陆空交通的进一步发展，以后必将对地球人种造成一步步的影响。

鹤用不着洗澡本来就白，乌鸦用不着染黑本来就黑。黑白都是天理自然所生，自然界本来就是悦目、悦耳、悦色，本来就是和谐统一的。可是，有些人事把它毁坏了，该辩论的辩论，不该辩论的就不应辩论，辩论了反而使事物淳朴的概念混肴，使百姓趋于迷茫。事物本来是清楚的，因为无须的辩论才使概念混肴，知识面达不到的就会上当影响自我和民众，这样的辩论使人民对自然界的看法失去道理，使万物不得安宁，这就叫违背天理。

以上人种分明产生于不同的地域，不同的气候，有着不同的特征。人种的不同现象始终反映着不同的本质，不同的原因始终产生着不同的结果。可是，人类化石研究者抛弃哲学和其他学科的指导而把彼此关联的诸多事物彼此隔离开来看待研究事物，搅乱了人种的现象和本质，这样怎么能不出差错呢？怎么能不给人类带来危害呢？这样能对得起养育人类的大自然吗？中国的哲学、医学、阴阳五行学说以及世界气候和西方哲学等综合学科对人体的奥妙和论述是如此的精辟吻合，这难道不值得我们宏扬光大吗？

由此可知，这些知识并不是个别研究古人类化石年代和数据结构的人所能知道的。只从人类化石的早晚年代和共同的基因来定论综合学科的人种起源，就好像飞蛾只知道飞翔的本领却看不到苍鹰眼中雄伟多姿而又无比壮观的山河大地，就好像井底之蛙只知道井水对自己的重要却看不到海洋中千差万别而又五彩缤纷的海洋生物，这是多么的不足和单纯啊！因此，其他诸多学科的知识难道我们不应该去认真的学习吗？这些知识极大的吸引着人类去研究去探索，去开拓更伟大的发现。

天造地化使我们生存的这个世界化生出了无限多样性的物质存在，多样性的产生是大自然用无声的语言告诉我们只要你去认真地阅读就能够读懂她，说明自然界造就万物的神妙并具有宇宙所有信息的完美性和完整性存在。“非洲起源”说的根本原因是没有受到哲学作为指导而造成的错误结果之一。同时，也是对中西哲学和彼此关联事物的无知否定，这样对待事物就会造成对自然界和人种遗产的重大破坏，以至于无法挽回的后果，这些都是我们面临的现实问题。

因此，“非洲起源”说最不符合自然规律，不符合地理气候特征，不符合普遍性与特殊性，不符合内因与外因，不符合原因与结果，不符合现象与本质，不符合中国天人合一的哲学理论，不符合中国医学和阴阳五行学说，不符合自然哲学，不符合物质的多样性，不符合人种与实地科学，不符合宇宙的完整性和完美性，是地地道道脱离了理论与实际的学说。人种多地域起源说不仅符合自然规律的一切现象，而且最符合地理气候特征，符合中国合天人合一的哲学理论，符合中国医学和阴阳五行学说，符合中西方的哲学理论，符合人种与自然科学，符合宇宙的完美性与完整性。把现象与本质、普遍性与特殊性、内因与外因、原因与结果融会贯通。从人体内脏到人体外部特征，从自然界到人类社会，从物质到人体的紧密关联，从物质存在到生物链的平衡，从天体到人都能够彻底的融会贯通，说明说透。不仅证明了人种的不同现象和本质，而且证明了人类文化的正确辉煌，尤其是证明了中华文化的博大精深和无比正确，难道这样优秀的文化不值得我们学习吗？

十四　中国哲学家和医学家以精辟的理论和实践论证水土对人的影响

李时珍对水土作了精辟的论述。李时珍说：“水是万物变化的源头，土是孕育万物的根本。土具有五种颜色以黄色为正，具备五味，以甜味为正。水的性质是根据地质的变化而变化，随着物质的变迁而变迁，这是从来就不相同的。金石草木尚且来源于气质水土而生成不同的性味质量，更何况万物之灵的人呢？美丽与丑恶，长寿与夭折，都与之关连。”因此一方水土一方人和物，它们的性味和质量都有着及其显著的特征区别。这是事物根本质量的不同，是天造地化的结果使人种和物质从根本上产生了明显的差别。由此可知所谓：“一方水土一方人。”

孔子《家语》中说：“人居天地之内，在山川之中，各随其方，形性不等。”孔子曰：“东夷之人，其形细长，修眉长目。西戎之人，深目高鼻，衣而无冠。南蛮之人，短小轻督，高口少发。北狄之人，高权披发依长者。中夏之人，容貌平整，像土地平和故多圣人。从一方人士来说它又包含在各人种中，一个人种的普遍性中又存在着各方人士的特殊性。由此可见，天地父母之心。

人不仅仅依附于天地、时节、气候而且深受当地水土的影响。由于每一事物在其全部发展过程中存在着自始自终的矛盾运动，人类在长期的劳动生活进化过程中都是在不断的运动发展进化着自身，人受环境的影响，环境对人产生着一定的作用。有些地区的水质优良，有些地区的水质恶劣。因此，水土对人起着一定的作用，这种作用虽然对人种的本质没有影响，但对人的素质、长寿、美丑、健康起着一定的作用。如：含氟量高的地区人的牙齿就黄并影响身高，含碘量少的地区就易得甲状腺肿，克山病与病区缺硒有关，维生素 B_1 缺乏病多见于以大米为食的地区，烟酸缺乏症多见于以玉米为主食的地区，森林脑炎之疫仅限于森林地区等等。

有些地区的环境却使人的寿命增长等等，这些条件对人无不产生密切的影响。因此，在人种的发展进化中一个大的人种中又进化出具有地方性特征的民族，这正如辩证唯物主义中所说："每一个事物自身也不是绝对同一，而是存在着内部的差别和对立。"所以，每一个系统内部也同样存在着差别。人类的生存都与自然环境有着密不可分的因素，无不与环境息息相关，所有人种的一切养分都来自地域环境和发展于地域环境。人类的活动必定受自然水土的影响，在大一统的自然界条件下，又有各种综合复杂的具体条件。因此，受地域影响的同时又具有一方水土一方人士的特征，但已成形的大一统的人种的本质是不会改变的。就地球而言，整个地球人类形成了完整的天、地、人合而为一的所有的地理气质性的各色人种，同时又用各色人种中的多样性（特殊性）来进一步阐述世界的所有性。一切人种都普遍具有人的共同形体特征，同时又以人类世界各大板块的地域产生人种差别，这些差别的各个人种中又有不同的地方性特征的差别，这是从来就不同的，人与物是始终反映着各地水土的不同。实践证明对人只要看长相、听口音就知道是何方人士，这些难道不与环境密切关联吗？因而在中医理论中良医治病没有不选择用水的。

中医理论认为，千里水流畅血脉。江河水用于治疗五劳七伤，顺流水可以通利大小便，立春水能使人有子而且具有非常好的效果，阴地的水有毒，各种井水治疾用途非常广泛。

《淮南子》中说："清水使人声音细小，浊水使人声音宏亮，湍水使人体轻，迟水使人体重。"

李时珍《本草纲目》中说"(《河图括地象》)中说：'青州（渤海、泰山一带）角徵会为五音中聚之地，其气漂轻，人的声音急促，泉水酸而且苦。梁州（陕西、西南一带）五音中商徵接合处，其气刚勇，人的声音凝塞，泉水苦而辛。兖豫（山东、河南一带）五音中宫徵会合处，其气平静，人的声音端稳，泉水甜热且涩。雍冀（西北、华北一带）五音里面商羽二声会合，其气快烈，人的声音轻捷，泉水咸而且辛。"日本河流短促，水流较急，人的语言快捷。所以人依赖地理水土生养，难道不与之关联吗？在治疗疾病方面可以不慎重地选择用水治疗疾患吗？同样的道理，不同的土地气候也孕育出不同的人种难道不与之密切相关吗？

《淮南子》载："山气多男，泽气多女，水气多哑，风气多聋，林气多衰弱，木气多偻伛，岸下气多足肿，石气多有力，险阻气多瘿证，暑气多夭折，寒气多长寿，谷气多痹病，丘气多狂惑，广气多仁义，陵气多贪淫。所以历代中原多出圣人。"

孔子《家语》中说："坚土使人刚，弱土使人弱，垆土使人高大，沙土使人纤细，息土使人美丽，耗土使人丑陋，轻土使人朴素，重土使人迟钝。"

可见，水土对人的健康、长寿、夭折、音质、美丑、疾病、聪慧等等的影响是巨大的。所以，古代的良医在治疗疾病时没有不选择用水的，而取得的效果往往是不同的。在中国古代的很多医书中都有详细的记载，充分说明了古人对用水的重视。有些精明之人不仅重视用水而且重视居住地的土质情况，可见中国传统文化对古人的重大影响。

十五　全息论的哲学思想论证了人类是地球之子

从三大人种的破解上充分证明了人种存在和地球的自然气候规律相互统一、相互辩证，密切相关；证明了人种和自然界与哲学理论、医学理论的统一吻合；证明了客观事物是检验真理的唯一标准；证明了千百年来中西哲学文化来自于客观实践的正确性。所有人类现象说明了一切事物内有禀承而外有源泉，说明了人是依赖于自然并与自然为一体，证明了人种现象是对自然规律和客观世界的真实反映。人种现象不仅反映着人的内在本质而且反映着自然界的内在本质。由此可知，人与自然相互贯通，相互反映，共同反映着宇宙的本质，说明了天地人的共同本质规律和特征的一致。进一步说明了人是自然界的产物，是自然界的精灵，各人种是地球不同自然气候规律的产物。

人类是一个复杂的综合自然现象，也是一个很有取的研究课题，人类不仅各居四方水土而生存，而且通过人种反映着我们地球母亲和宇宙的各种信息规律。

（一）人与宇宙天地以及生物相通应的信息

应用宇宙全息观认识人与自然

全息观：就是小局部包含大整体信息，并可以重演在现原形，大局部和小局部相互包含所有信息并互相贯通、相互反映、相互影响，大中有小，小中有大的宇宙观。

例如：太阳光通过水或镜子折射在别处，光点虽小，但始终是圆的，总是在反映太阳圆的整体，光粒子把太阳的全部信息准确地反映出来，人体的部位也是这样（参见图 10－11、人体部位全息图）。1950 年德国化学家诺达克说：“一切元素存在于所有的矿物之中，自然界从矿物到岩石、土壤、进而到植物、水、到动物之间都存在着一系列关系。”这就是一个化学家对自然界的认识。

《孟子》说过“天地皆备于我”的精辟之言。人与地球息息相关，从化学的角度而言，人是一个小地球，地球有什么元素，人也应该有什么元素，这是相对含量而言。除去原子序号 93 以上的少数超铀元素，各种天然元素人体内都有，这就是说人体内有近百种元素。美国对人体内的元素从多到少进行了排列请参见［《人体数学》据国际放射线，防护委员会（ICRP）以美国分析确定的“标准人学组成”，70 公斤男子体内元素数学表］。如果人缺少了什么元素就会出现病态，甚至会导致严重的疾病，在实际生活中这已经是被实践证明了的客观存在。地球上有什么元素，宇宙星际物质也同样具有，宇宙中所具有的地球也同样基本具有。地球是一个大磁场、大引力场，人体是一个小磁场、小引力场。人生活在大场中，地球大场的变化也必然反映于人体这个小场中。全息论的思想就人而言，人是万物之灵与自然界相互贯通，是自然界生成的一个智慧代表，人类时刻反映着我们地球和气候特征规律以及地球元素含量和其他特征。人这个有机体与地球的环境特征形成了不可分割的统一体，人是一个大整体，人的局部就是一个小整体，小局部里包含着大局部的全部信息，大局部里也反映着小局部的所有信息。地球和人共同反映着宇宙的一切信息。

（二）人天的互通

1. 人与天规律相通

人是天地的子女必然与天地相通。如：天有白昼，人有睡眠。除人体间本身存在的阴阳互换以外，人体精气还通过阴阳交换可以互生这是阴阳互根的道理，正所谓孤阳不长，孤阴不生；阳得阴助而生化无穷，阴得阳助而源泉不断；人天在自然规律上是相互通应的，都存在着共同的规律。如：张介宾《类经·阴阳类》说："可见天地之升降，谓之云雨；人身之升降者，谓之精气，天人一理，此其为最也。"人体间气机气血的循环与自然界阴阳之气的升降是相应的道理。《素问·六微旨大论》说："相火之下，水气承之；君火之下，阴精奉之。"说明了人体间阴阳水火相互作用、相互运动构成的升降道理，是构成人体气机生生不息的根源之一。

在我们的地球上不仅人天规律相通，而且天与生物也有着沙燕与风暴同行，落霞与孤鹜齐飞；众蝉夏季同鸣、萤火虫同步闪光、公鸡凌晨报晓；燕子迎春飞来，大雁秋季南去，蝙蝠黄昏飞翔，青蛙傍晚鸣唱等等。矿物则如《管子·地数》所言：山上有赭，地下有铁。上有铅者，其下有银，上有朱砂，其下有金。上有慈石，其下有铜金。上有韭者、地下有银。近代研究钾镁煌斑岩和金伯利岩则伴生金刚石或云母伴生金刚石等等。凡地址地矿都有它相互关联的规律存。植物则是：桃花三月开，桂花八月香，梅花腊月开等。一切花开花落，春生秋实都是气候和时间规律的反映，一切动植物按照纬度气候的变化而产生差别，按照海洋水温的不同而有不同的鱼类和植物区分布等等。这一切无不是自然界的"节气方位"

即“八纪五里”等不同地域的气候规律运动而产生的多样性，这些都是对客观世界对自然规律最本质的反映。

2. 人天结构相似

通过阴阳五行规律证明人体阴阳五行与自然界相互统一。不仅证明了自然界的阴阳五行与人体阴阳五行的一致，而且证明了辩证唯物主义与中国古代哲学相互贯通的正确性。人与天的结构是相通的。施肩吾的《钟吕传道集》中说：“人之心肾，上下相远八寸四分，阴阳升降与天地无二，大道生育天地，故天地分位，上下相去八万四千里。”在这里把人体心肾比作天地之间的距离计算天地之间的距离，心为阳代表天，肾属阴代表地，进一步用数理说明人天结构类似的观点。自然界的五行与人体的五脏，人体五脏化五气与天的五行之气无不相应。人的脏腑之色与自然界之色无不相通等等。《灵枢·邪客》中说：“天有日月，人有两目；地有九州，人有九窍；天有风雨，人有喜怒；天有雷电，人有声音……天有阴阳，人有夫妻；岁有三百六十五日，人有三百六十六节；地有高山，人有肩膝……地有四时不生草，人有无子。”这种人与天结构类似和天人合一的全息思想很早就批判了上帝造人的谬论，强调人是自然界的产物，具有精神意识，从根本上反映了物质第一，精神第二，物质决定精神的唯物主义思想，否认唯心主义天神论、上帝论的思想，肯定了人是天地之子具有天地物质的遗传特征。这是从唯物论出发的思想，从自然界和人体本身去研究人与自然环境的科学问题和医学问题，从而升华到崇高的哲学理论问题。

（三）宇宙全息的数理

当代科学家测出地球同样在呼吸，进行着气机交换，科学家们测出了地球呼吸起伏的差距是0.6米，而中国几千年前的《内经》中说：人的一息脉行是0.6尺，与当今科学家所测的数据比例共同。当今科学家计算出地球海洋的面积是71%，计算出人体的水分占人体的比例是71%。这些数据代表着我们地球人与地球的遗传特征，只有地球人才能继承地球的遗传，这是人类与地球的全息观。由此可知人类与地球母亲是息息相应的，是普遍存在于地球的产物，是与我们朝夕共存的大地母亲一脉相承，是父母与子女的关系。人类继承了大地母亲共有的普遍性和地区的特殊性，呈现出了一幅美丽多彩的人种哲画卷和物种地质气候画卷。地球所具有的，人不仅具有而且很完美地具有。我们的地球用多彩的人种与万物无私地泄露着世界的完美性与完整性，宇宙全息不仅包含着宇宙间的一切事物和人所具有的所有信息，而且还包含者数理。还有用天地的全息微缩之象，来计算天地之数。如浑天派《已巳卷》卷一中说："凡日景于地，千里而差一寸。景尺有五寸者，南戴日之下万五千里也，以此推之，日（天）当去其下地八万里也，以勾股法言之，旁万五千里、勾也，八万里、股也，无盈缩也，故知从日斜射阳城为弦也等等。从全息观和人体数理等学科来看，人与地球合而为一是如此的统一相合。因此，地球人不是外星人的移民。由此可见，中国对全息数理的应用之早，除此之外还包含着象理，在此就不一一傲述。

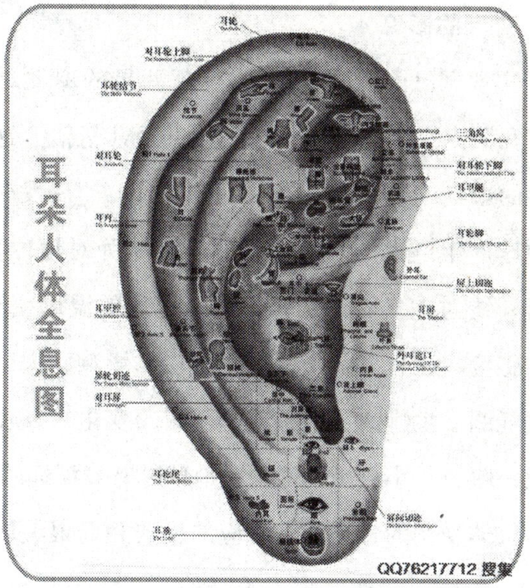

图 10　人体部位全息图

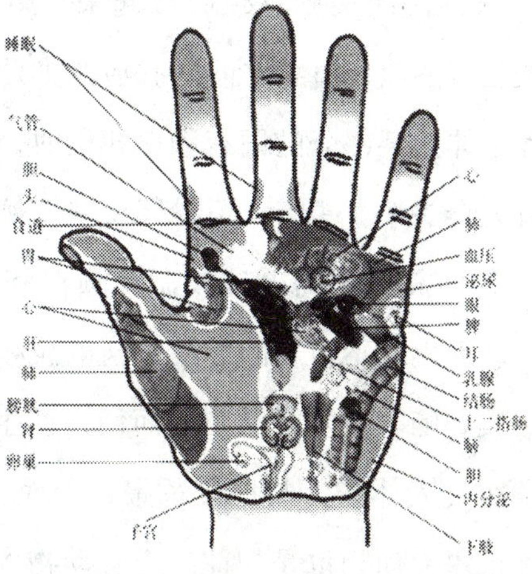

掌部区域与脏腑对应图

图 11　人体部位全息图

1. 天地宇宙对人的影象

据（美国天文学家巴德和兹威斯基），超新星的爆发对太阳的影响极大，它的光度在几天内，可以增加到几千万甚至几亿倍。这些现象常常对地球造成灾难性的影响。《天文地质学概论》中说：“爆发时辐射源释放出巨大的能量对地球产生巨大的影响，有的学者认为对地球臭氧层的减少、冰期的发生和紫外线对大气圈的加强，可使地球的温度变暖。”再如地球对日月引力潮的感应，还有太阳耀斑对臭氧层的影响，太阳活动与现代构造变动，包括大气圈、生物圈、水圈、岩石圈的变化，以及彗星对地球造成灾难性的变化，陨石、小行星的撞击对地球都有着深远的影响。

每当阴天时人体受伤的骨骼就有相应的反映并且很灵敏。段成式《酉阳杂俎》中说：医生给一受伤的军人治骨伤，去掉了胫骨上的一片碎骨，涂上药就痊愈了，第二年又疼痛起来，是因为医生所取的骨头仍然扔在床下的寒冷处，于是用热汤洗净用棉裹住收藏起来，患者的疼痛果然停止了。气息竟是这样的互有感应，事物之间的感应是如此的奇妙。在自然界方面当地壳的振频和人体的某部分的固有频率相同时，就会引起该部分共振，因此在地震前有人会头晕，头痛，烦躁等反映。例如：人体磁场通常在一到几赫范围内，若地震产生的电磁波振动频率和人体频率变化一致时，就会引起共鸣，从而出现不适。例如，人脑电波频率在 8 赫左右，因此地震前发射的电磁波和脑电波容易共鸣，而使人产生头痛、头晕，引起脑血管病人的突然发作（人体异常与地震预报，天地生综合研究）。这是人与天地共应的一种现象，动物也是如此，而且动物大多能够预感，生物与地球相通了 30 亿年之久。人对地球的变化也是应该有预知本领的，大多数人的预感已经退化，更何况对宇宙的预知，但少数人也有与地球相应的共鸣本领，如中国上海工人朱大正预报了 1981 年 11 月 24 日中国新疆乌什东北风 6.4 级的地震，美国加州查洛带金预报了 1985 年 9 月 19 日的墨西哥地震（8.1级）。1992年6月28日，中国科学院院士翁文波就准确地测到了美国洛杉矶、旧金山、拉斯维加区域范围内发生里氏7.4级大地震，损失惨重。在这一年的1月7日翁文波经过全国政协的批准，在3月12日以私人信函的方式通知了美国有关方面。事后整个国际地震界都震动了！他1982~1992年共预测国内外5级以上地震85次准确率达80%以上。因此，人又有着对自然界机体的共同反映。

2. 当今科学的发展进一步证明了大地有穴位经脉

地球穴位，是指地球内部某些特殊部位存在着它定位联系的位置或区域，它们可以位于地球内部几百公里的深部。自1972年以来，中国工作者已发现有十多种形式的穴位。如中国自1966年到1978年的地震中启发人们去解释地球内部某种复杂的经络或者网络关系，地球经络网的发现有力地说明了，地球是一个内外互相联系的整体，地球同样也是一个生物和人所具有的经络穴位是一个道理，因此，人与地球共同体。

从人种的现象差别到哲学理论的吻合，从人的结构到人与天地的结构相似，再从人类自身到人与自然界的息息相应无不说明人类是地球之子，那些仅凭一隅之见谣言蛊惑人类是外星产物的浅学之辈应该自省了。因此，地球人种是地球之子，不是外星移民。即便是外星人，他们所具有的元素也和我们没有多么大的差别，因为，我们共处共同的宇宙物质世界。由此可知，宇宙中的事物都是相互联系、相互作用、相互影响的，凡一切现象都可以通过全息观去推理分析。

德国哲学家费尔巴哈有一句名言：“自然界是一本不隐藏自己的书，只要我们去读它，我们就可以认识它”。

十六　自然规律与人种存在

哲学本身具有爱和智慧的意思。哲学具有社会存在、方法论和世界观三大要素；其中社会存在是不能否定的，这是社会现实，是客观存在。根据社会现实，用哲学来认识分析世界和把握规律就能以小知大、以少知多、以浅知深、察近知远达到驾驭复杂事物和爱护人种与物种的目的。《素问·气交变大论》中说“宣明大道，通于无穷，究于无极也”，是说畅晓的学说，简直达到了无穷无尽的境界了。所以掌握了客观自然规律就能够役使自然，改造自然，成为自然的主人。

人能够认识自然，改造自然，利用自然、顺从自然。这里的顺从不仅具有尊重自然规律的意思，更重要的是懂得自然规律。列宁曾说：“当我们不知道自然规律的时候，自然规律是在我们的意识之外独立地存在着，并起着作用，使我们成为‘盲目的必然性奴隶’。一经我们认识了这种不依赖于我们的意志和我们的意识而起作用的规律（马克思把这点重述了千百次），我们就成为自然的主人。”① 所以尊重自然规律，顺应自然规律，

① 《列宁选集》第二卷，唯物主义与经验主义批判。第三版，北京，人民出版社，1972. 192。

是人与万物的统一标准。自然规律就是天理所在，利用自然规律造福于人类和自然生态，是人类与自然最好的和谐发展。

辩证唯物主义告诉我们："规律是现象中稳固的东西，是事物发展过程中的本质联系和必然趋势。规律具有必然性和重复性。"人在规律面前不能随心所欲，必须遵循活动。"敬之者昌，逆之者亡，无道行私，必得夭殃"。《素问·天元记大论》说：谁能遵循客观规律，谁就能驾驭自然，谁不遵循客观规律，必然遭到客观规律的惩罚。**因此，"规律是事物的纲要，人能认识规律，就可以统帅起无限多样的事物。"**

那么，无限多样的事物如何统一呢？我们必须尊重客观规律，认识客观规律保护生态环境才能够做到统帅起无限多样的事物。在物种存在方面，人种同样是地球的多样性存在之一。所以，人种存在是不能被否定或将他们的特殊性一概等同的，人种的差别总是反映着宇宙的各种信息存在和自然界的客观规律，自然界无私地提醒着人类对自然界的深刻认识。人种不应该特殊于其他事物之外而单独存在，人种存在是自然规律的自然产物，它的特殊性以铁的事实而客观存在着，宇宙的各种信息也是以铁的客观事实而存在着。因此，古代把顺应自然规律，效法自然规律的人称之为"大人"。

《易》曰："大人者，与天地合其德，与日月合其明，与四时合其序，与鬼神合其吉凶。"德、明、序说明了遵守自然规律是至高无上的圣人之为并称之为"大人"。天地之间最大的德莫过于天地之德，最大的明莫过于日月所照，最大最好的秩序莫过于自然规律，这里的鬼神则指的是不能预测的神明变化，与鬼神合其吉凶说明了遵守自然规律的重要性，这是圣人的格言。所以，认识了自然规律和天人合一的哲学问题就能够很好的认识人种和其他的物种生态以及宇宙规律及其事物存在，这样才能启示于人的高尚行为规范。

《马克思主义哲学原理·真理》中说：“自然科学中的定律、定理、理论之所以是真理，就是因为它们都正确地反映了自然界和社会发展的客观规律。”在自然规律面前敬之者昌，逆之者亡。我们知道天地日月都有它运行的自然规律，才有了地球的自然生态和物种规律，所以自然规律是一切事物的纲纪。违背规律，破坏规律就会带来不可想象的恶果。尊重规律要通过人类的政治管理去实现。隋代隋萧吉在《五行大义·论政治》中说“政者，正也。”（《鬻子·汤治天下》）中说：天地开辟而万物产生，万物产生而人为政则以正天下万物。并说：“政者，卫也。”说明了自始至终以正治天下，教化百姓使百姓平安叫做卫。正，具有尊重自然规律，爱护自然规律和坚持正义之意。正字加文字旁是以文规范人们的行为和教化人民，以正以文代代传乘高尚的道德文化规范，提高人民的觉悟。所以称为政治，包含着哲学意义，也标志着人类文明的智慧。

这里的“以正天下万物”说明了政治不仅规范人类的行为而且规范对万物的保护工作，进一步阐述了人是天地的主宰。而这一切都应建立在尊重自然规律的基础之上，所以敬之者昌，逆之者亡。艾滋病最早为人和兽、之间划分着严格的区别界限，现在已在全球形成可怕的蔓延趋势，这怎能将责任完全归于艾滋病呢？违反了自然界的规律，就会受到规律的惩罚，即便是将来能够完全消灭疾病，也难免会有其他情况发生，还是要付出惨重的代价，这是实实在在的现实问题。人类的认识在不断地积累提高，这就是知识。知识就是力量，是人类在长期的社会发展实践中获得的宝贵财富，是人类开启智慧认识事物与自然规律的钥匙。

我们只有尊重自然规律，积累知识财富，认识物种环境以及“人本天地”的规律环境，才能够启发我们对自然和谐的色彩和宇宙暗藏着的光辉相合。我们的世界之所以美丽，之所以千差万别而又五彩缤纷，就是因为有了规律和特殊性的存在，使一切事物有了共同而又不同的差别，才产生了五彩缤纷的大千世界和人种世界。在我们的星球上，地球母亲在亿万年的生物产生和进化中都以自然规律来完成生物的产生和进化过程，地球上一切动植物的分布无不是在自然界及其规律的作用下达到完美的生物链存在，使万物尽善尽美的尽欲全形，大自然无私地把每一处的环境和本质都告诉了我们，让我们看到每一处共同中的不同和不同中的共同来启发我们对自然界的深刻认识，来教导着我们应该怎样去做，我们没有任何理由不去爱护人种和万物的摇篮。

因此，自然界形成的是一部不朽而又完美的哲学巨著，启发着无限灵敏的人类去探索神秘的宇宙。自然界及其规律不仅仅是我们的父母，同时，也是我们的老师，难道我们不应该尊重爱护每一处的自然遗产和物种存在吗？人类通过自然界这一部哲学巨著来启发人类对宇宙哲学的深刻认识，从而使人类文明更加灿烂辉煌。因此，尊重自然规律就是对自然生态和人种环境的尊重和爱护，就是对这一部不朽著作的保护，她能够完全启发人类的思想觉悟。人类是普遍性存在，人种又是特殊性存在，人类与万物一样都在遵循着自然界中普遍性与特殊性相统一的自然规律。当今社会随着人类现代化的交通和经济全球化的发展，使地球各板块的人种之间不断沟通，形成的人种混血现象越来越多，这是当今人类社会发展的必然趋势，这种发展具有必然性、渗透性、持久性和永恒性，这是不知道自然规律及其作用的奥妙所产生的作用。只要有人类存在，这种发展是自由的也是没有止境的，是必然的，新质扩张的规模速度随着今后现代化的条件突飞猛进的发展，直接影响本质变化的规模和速度。从量变到质变，再从质变到量变，最终彻底改变原有人种的本来面貌。人种混血的无限发展是把所有人种的现象和本质直接合而为一，使人种的多样性趋于消亡，千百万年后进化了亿万年的人类原有的多彩人种将面临融合消亡的可能。当这种局面产生后，也许人们才能从全局的观点认识到自然规律和自然规律的作用所具有的物种意义，人类对自身的行为也许又具有深刻的认识性。

从500年前哥伦布到达美洲大陆到现今，美洲黄色人种的布局发生了重大衰变，亚洲西部和北部也有了相当变化，这是否应该引起我们的认识呢？由于人种的特殊性存在，是否将原有人种延续下去也许会成为人类社会的研究课题之一。因为人是自然界及其规律中产物的一环，世界统一于物质是多样性的统一，人种并没有独立于其他事物而单独存在，人种同样是物种存在之一，人种环境与物种环境的多样性从物种存在的意义上是等同的，同样具有重大的哲学意义，而人种学科能否存在下去，能否体现出它的价值所在，这取决于人类社会对人种的认识程度和面临的现实问题，无限灵敏的人类根据自然规律对人种的延续于否自然会作出回答。原始人种的本质已经启发了我们对地球气候和宇宙自然规律的深刻认识，使我们看到了宇宙深处无限美妙的信息存在，通过地区气候与地球整体气候特征的统一认识，了解了宇宙规律信息无所不能的生发理论，在自然界的规律中包含有大量的科技内容和哲学概念。

自然界通过自然规律把各个地方的特殊性物质信息的存在发挥得淋漓尽致，使一切事物绽放出无限多样美丽的花朵来反映着特殊性的客观存在，谱写了物质精神存在的多彩画卷。自然界通过这种具有各个地方的特殊性发挥把整个地球和宇宙的全部信息无私地呈现在人类的面前，使人类看到这些完美的世界物质存在。人类又根据这些完整的信息存在去了解宇宙和自然界，又根据宇宙自然规律去验证理论，再去进一步认识宇宙一切事物的现象和本质，从而达到启发人类全面觉悟的崇高境界来完成人类的辉煌壮举。

在宇宙中，人这种物质精神存在不仅顽强地存在着而且闪烁着无限的智慧和光芒，这种智慧和光芒是永不磨灭的。中国道家崇尚自然就是崇尚它的哲学意义，我们看到的宇宙与自然界及其规律的一切事物都是自然生发，无不体现着宇宙信息规律的真实变现以及阴阳和谐的美妙韵律。这种“道法自然”的生发理论构成了宇宙规律与事物完美和谐的节奏，这难道不值得我们去研究去探索去尊重吗？

这里所说的“道”，即指老子的“道生一”，含括着产生最精微气物质的本原道理，是无法看到只能靠抽象思维理解的运动规律。“法”，指气和事物运动所具有的自然性规律。如：气的演变规律和春、夏、秋、冬等自然规律。自然，是指由无所约束而产生的自然界，即无为（无意识）而无不为（无所不生、无所不能）的自然生发理论，后世黄老学者认为道气同原。因此，只有“万物之灵”的人类才能感受到宇宙自然的奥妙与伟大无私的信息存在。因此，人是真正的“万物之灵”。人只有认识了自然界才能够尊重自然界和爱护万物，这个无限伟大、无限灵敏的崇高称呼一定会谱写出光辉灿烂的地球历史，使生态环境、人类与自然规律和谐统一并焕发出自然界朴实的风貌，人类对珍稀动植物和生态环境的保护就说明了这一点。大自然的规律使人类分类分区而生，使青、赤、黄、白、黑各居一方而显现宇宙天地自然规律的天理之道，这是不以人的意志为转移的客观存在，也不是以个别权威人士的否定而不存在。无论人们认识与否、承认与否、喜欢与否，它都客观现实的存在，并为人类所见。

人类已经根据自然规律为人类创造了很多财富，今后同样会为人类带来无法想象的成果。《素问·天元纪大论》中说：人明白了道理，就产生了智慧。如果人类对多彩人种的认识还很模糊，我们不难想象千百万年后人类对多彩人种存在的认识就会失去鲜明的人种客观证据，最终只能认可最远古的化石了，并将其“视为”同一人种，人种科学也就很难显示出它的存在价值。

地球是一个生物，保护地球生态与保护人体是同样的道理。维护生态规律是人类千秋万代的大事。《世界地理》中说：“森林面积缩减，不仅仅是植被数量的减少，而且影响到水土流失的增加，河流泥沙加大，使地貌特征与河流的水文特征发生改变，同时使土壤水分减少，空气温度降低，降水量减少，风速加大。”所以自然规律与生态是息息相生相关的辩证关系，良好的生态环境是人们幻想的乐园。它不仅可以给人类带来财富，更重要的是和谐的生态能保持物种的延续和多样化，也能给人类带来精神上的寄托，是生命和智慧的象征。

保护生态和保护人体也是相通的，地球也是一个生物；砍伐了森林就像破坏了人体的肝脏；破坏湿地，污染水资源和海洋就像破坏了人体的肾脏；无限止地开发金属矿藏就像破坏了人体的肺脏；对土地的污染和破坏就象破坏了人体的脾脏。这种生态关系是互相联系、互相制约、互相发展，相互依存的辩证关系。

中国古代文子说：“合阴阳，节四时，调五行，润乎草木，浸乎金石，禽兽硕大，豪毛润泽，鸟蛋不毁，兽胎不败。”医书中说：“山中有玉、草木滋润。”司马迁在《史记》中解释这句话时说：“这是因为草木受到了珠玉的润泽。”在保护矿藏上《管子·地政》篇：“有动封山者，罪死而不见赦。有犯令者，左足人，左足断。右足人，右足断。”可见，在古代我们的祖先对生态生物连就有了很高的认识。

人类凭着“智慧”去射杀与人类相伴相生了亿万劫难的生灵，这样还不够，还制造出了使每个生灵都为之颤栗的核炸弹，使自然界伤痕累累，使赖以生存的野生动物严重地遭到破坏。在青藏高原，从地方到部队的一些人家中陈列着威武的雄鹰标本，这种雄鹰标本艺术成为一种社会时尚，他们以此来显示自己的能力、权力和艺术等关系，以此谈论着所谓的高雅艺术。与其说是显示，倒不如说是显示自己对自然界的愚昧与无知，这是对自然界艺术的最大破坏，是对权力、艺术和行为的最大践踏，君子是不会这样做的。过去，天空中常常见到飞翔的雄鹰，今天几百里难见，鼠害成灾，生态受损，韵律失调，这就是他们所说的艺术，也是他们所创造的艺术。这些人为人民与自然界犯下了滔天罪行还不以为耻反以为荣地来显示他们的权力与荣耀，这一小撮人王法当诛，应当自省。保护自然界维护人类赖以生存了40亿年之久的生态是我们每一个人义不容辞的责任，它关系着千秋万代的人类、人类应以全息观的自然法则去认识这个美丽多彩的世界和宇宙。

十七　颜色是普遍贯串于宇宙事物的始终，人种现象是宇宙事物的自然规律

恩格斯说：“物质在它的一切变化中永远是统一的，它的任何一个属性都永远不会丧失，因此，它虽然在某个时候一定以铁的必然性毁灭自己在地球上最美的花朵——思维着的精神，而在另外的某个地方一定以同样的必然性把它重新产生出来。”

根据宇宙全息统一论，我们不难得知地球是反映宇宙所有信息的一个依据，宇宙之中的其他事物也同样反映着宇宙的全息观，宇宙与事物之间构成了一个互相贯通、普遍联系、相互制约、相互影响，相互统一的辩证法则。颜色特征是宇宙事物的本身固有，是一种规律，是一种信息同样反映着宇宙的本质规律，它不仅仅只存在于我们的星球之中，在宇宙中无处不在，贯穿于宇宙一切事物的始终，任何一个有形物质的存在都与颜色关联。

《马克思主义哲学·对立统一规律》中说：“物质世界的存在就是处于普遍联系之中。而联系指的是客观事物，现象之间以及事物、现象内部各要素之间的相互依赖，相互影响和相互制约的关系。”又精辟地指出：“这

种关系在客观世界，不是只为个别或局部的事物所具有，也不是只在某一段时间里存在，而是无处不在，无时不有。在自然界中，从巨大的宇宙天体到原子核内部极其微小的基本粒子，从无机界到有机界，各种化学元素之间，热、光、电、磁之间，生物和环境之间，无不处于普遍联系，相互作用之中。”这个普遍联系具有重大的哲学指导意义，所以，宇宙之中的一切事物都遵循着这种科学辩证的法则而客观的存在。因此，颜色只不过是宇宙中的一种普遍现象而已。根据辩证唯物主义的见解，我们不难得知，颜色不仅仅存在于人、动物、植物和矿物等事物之中，而且在宇宙物质世界也同样的存在，颜色与人种形成了一个完整统一的形体区别特征规律，并通过外部特征反映内在本质。

“人”同样是宇宙事物中的一员，不可能特殊于其他的事物而单独存在，如果认为地球人是宇宙中唯一的智慧生命，这是孤立、静止、片面的，是形而上学的观点。辩证唯物主义认为：“宇宙之中没有单独存在的事物。”因此，人种这种智慧生命同样在宇宙中存在，人与颜色是不可分离的物质存在形式，这是物质规律存在的属性，人色分离的现象在一般的环境下是很难存在的，这是宇宙的自然规律，是事物遵循的辩证法则，这种法则是事物在自然界中根据条件自然而然的产生出来的现象，是天理所在，不受任何意识支配，而这些事物都归属于它们共同的始祖——“元气”。所以，无形无色的气是有形有色的事物之母。

世界上一切事物都包含在气与形的物质运动规律当中，这是不以人的意志为转移的客观存在。辩证唯物主义认为：“普遍联系是事物本身固有的属性，任何事物或现象都是统一的联系之网上的一个成分或环节，并通过它体现出联系的普遍性。”“任何事物都是作为某种系统而存在的。”

人种也是这样以颜色和特征统一成为系统而产生差别，所以颜色和系统特征是事物的固有属性，是宇宙中的系统存在又和其他事物互成系统。

人种同样是事物的固有属性，并自成体系，它同样在其他有智慧生命的星球上客观存在。我们所看到的颜色是宇宙与自然界相互贯通并形成各个体系，是清晰可辩的，颜色不会混肴，这是事物的固有属性，否则黑白不分，就不成为色。在中国，古人通过观测天象，发现五色之气横亘贯周天二十八宿（参见图12）。《素问·五运行大论》中说：“(《太始天元册》)中说‘丹天之气，经于牛女戊分；黅天之气，经于心尾己分；苍天之气，经于危室柳鬼；素天之气，经于亢氐昴毕，玄天之气经于张翼娄胃。所谓戊己分者，奎壁角轸，则天地之门户也。夫候之所始，道之所生，不可不通也’。”是说古人测天时看见天空中有赤色的气，横亘在牛女二宿与西北方戊位之间；黄色的气横亘在心尾二宿与东南方己位之间；青色的气横亘在危室二宿与柳鬼二宿之间；白色的气横亘在亢氐二宿与昴毕二之间；黑色的气横亘在张翼二宿与娄胃二之间。所谓戊位就是在奎壁二宿之间的所在，已位就是角珍二宿的所在，奎辟是在立秋到立冬的节气之间，角珍是在立春到立夏的节气之间，所以是天地的门户，时节的开始，也就是天地阴阳之道的发端，这是不能不知道的。

后世天文学家和医学家说：“古人仰观天象，发现五色之气横贯周天二十八宿，而二十八宿又于天干地支方位对应，根据五色之气所在的宿位便可以确定十干统运的原则。(《玄珠密语》卷一（五运元通纪））中说：“太极始判，横五运于中，轮流至今，终而复始，圣人望而祥之。自开壁乾坤，望见青气横于丁壬，故丁壬为木运也；赤气横于戊癸，故戊癸为火运也；黄气横于甲已，故甲已为土运也；白气横于已庚，故已庚为金运也；黑气横于丙辛，故丙辛为水运也”。并将以上的天文观测与地支结合应用于实践之中，同时也应用于医学、气象、军事等领域来检验它的正确性。如《诗经》中说：“月离于毕，俾滂沱也。”五色之气相对应的变化，每逢和这五色之气相对的星辰时，就会发生相对应的变化。如逢和苍色之

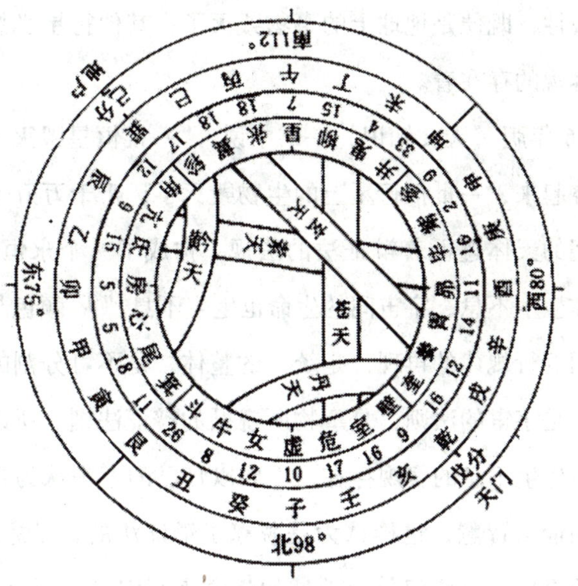

图 12　五气经天化五运图

气相对应的危、室、柳、鬼时就要起大风（“苍天之气，经于危、室、柳、鬼”），而遇心、尾、己、分四星宿时，则必雨湿淫地（“黅天之气，经于心、己、分”），对应张、翼、娄、胃四星宿时，则寒气袭来（“玄天之气，经于张、翼、娄、胃”），如临牛、女、戊、分四星宿时又恐火气太甚（“丹天之气，经于牛、女、戊、分”），而迄亢、氐、昂、毕四星宿时燥气太过（“素天之气，经于亢、氐、昂、毕”）。鬼臾区说：这是他家十世相传的。由此可见，中国古代对天文五色的观测是与实践相结合，并广泛地应用于实践。是被实践证明了的普遍存在于现实的客观实在，上贯穿于宇宙，下贯穿于一切事物与人，形成了宇宙完整的理论体系，并与其他事物紧密相连。所以，人种信息同样也是存在于宇宙其他行星之中的，地球并不是离开宇宙而特殊于宇宙其他事物的行星，而是宇宙中的一员，是宇宙中普遍性与特殊性相统一的一个事物，其他行星也同样的反映着宇宙的信息规律。颜色与万物以及“人”是在宇宙中永远存在的也是统一的。这是事物存在的属性，既便是地球上的事物毁灭了，其他行星必然不以人的意志为转移而客观的存在着。

中国1976年版《天文知识》一书中说：“一批恒星毁灭了，千千万万个恒星又燃烧起来，一批批行星上的生物毁灭了，千千万万个行星又产生生物。宇宙间的天体遵循着辩证法的法规，构成了一个永恒的物质循环。宇宙中的天体生生不息，宇宙间的生命也生生不息。”① 颜色与特征是一个体系，是阴阳五行规律的再现，是统一的整体，是不可分割的，是现象与本质的关系，是宇宙的法则，是事物所遵循的辩证法则。所以，人种的存在也是宇宙中生生不息的客观存在，不要以自己的意识认为自己是宇宙之中唯一存在的最高智慧，这样认为是脱离了辩证法的哲学思想，是静止、孤立和片面的思想，不要仅仅以地球的生命来否定其他星球的生命存在。宇宙中其他行星的人种和地球上的人种同样有着共同的祖先、共同的基因之祖——“气”的变现。因此，颜色特征是贯穿于一切事物的始终。

① 《天文知识》上海人民出版社，1976年9月。

十八　提高文化素质，弘扬民族文化，增强民族凝聚力

中国文化具有独特的魅力，由于它包含贯通宇宙万物一切事物的思想，所以它的理论极其丰富而无所不到，对认识世界起着极大的启发力，对人种的破解是一个巨大的发现，具有相当高的学术价值。因此，应该将祖国文化发扬光大，这具有划时代的伟大意义，中西文化的碰撞必定焕发出卓尔不群的光辉。中国自然哲学和医学有着强大的生命力和理论根基，应该将它多样化，进一步扩大它的学术成果，并不断发展，这是我们后人义不容辞的责任。加强古代文化的学习，对认识物质世界的起源和发展具有极大的启发指导意义。由于人与万物均为气的变现，因此，应加强对气化万物与“德”的概念的高度认识，认识人与万物均是一气的变现。这样可以提高自身的道德修养和爱护物种生态的意识，提高人与人之间，人与物质生态之间的和谐共处。学习古代哲学能够提高自身的辨别能力，不仅能够分辨谣言蛊惑而且能够抵御歪理邪说，曾经社会上的各种歪理邪说风靡一时，如用祖国哲学即可戳破谣言蛊惑，防止被他人利用，甚至救国救人于危亡之中。

中国古代文化创造过灿烂的科技成果，它的理论具有博大的开发研究价值，只要我们不懈地努力就能得到丰硕的成果。中国古代中医的炼丹术传入欧洲，引发了欧洲的化学革命；中国指南针知道地磁场的作用，传入欧洲，欧人发现磁动生电，电动生磁从此发明电动机，电池、电报、雷达等一系列发明，使欧洲科技飞跃向前。公元10世纪较为精确的测角器观测行星传入欧洲，使欧洲天文有了长足的发展。从《易经》发现的电子计算机二进制，大大推进了各项事业的发展，而中国人还将《易经》看作封建迷信，将指南针看作风水迷信工具，欧人却将《易经》译为钥匙。我国三千多年前的青铜震盆引起世界关注，并有物理学家说“一旦人类掌握这个原理，就象爱迪生发明电，能够结束人类的煤油灯时代。”可见中国阴阳五行原理的辉煌。至于火药只不过是老幼皆知的古老话题不需一提。中国人对待自己的文化不够认真，这难道不应该引起我们的注意吗？所以，学习发扬天人合一的传统文化可以提高我们的认识能力，提高我们的创造力和开发力。

“人类非洲起源说”无意识的严重误讹着群众，之所以这样就是没有受到哲学的指导，追究这些原因就是很多领域的人，他们各自的专业知识很强，对专业以外的东西学习的很不够。我们不应该忘记过去。

曾几何时，一些歪理邪说遍极在群众领域、大学教授和高层领域，这些难道不是缺少祖国哲学的素质而引起的验证吗？由此看来，当今世界热爱祖国仅凭一腔热血和匹夫之勇还远远不够，这样爱国也能误国，很容易被他人误化利用，越是将来越要刻苦学习，现代社会我们必须学习多方面的科学文化知识，这是时代的紧迫需要。我们的祖先和人类文明早已赋予了炎黄子孙和世界人民灿烂辉煌的文化，只要我们努力学习就能懂得很多知识，就能彻底的分辨真伪，就能读懂大自然，就不会辜负自然界的养育之恩，不会辜负人类以及先辈对我们这一代人的希望。只有这样，才能上对得起祖先，下对得起子孙。所以，只有努力学习当代科技知识和古今文化，才能提高各方面的思想素质，使自己立于不败之地，认清事实，增加抵御能力和超强的思维方式。

有些人在学术理论上总是跟着他人大唱别人的观点，自己违背客观规律还不知所错，做出不合实际的文章和事情，在不知不觉中殃及了广大的群体，自己还喜气洋洋；有些人勤苦的工作结果却在无意中造成了错误带来了损失；更有那么一些人他们为了自己的名利而写作，并非为了人类、民族和国家。然而违背自然规律的观点对社会起着一定的危害作用却不为人们所知。所以，只有学习才不会违背规律，不会为人类造成巨大的损失而成为千古罪人，也不会被他人所误。因此，我们看到事物就要通过辩证分析认识事物的根本，这就要求我们不仅必须具备世界哲学的基本素质和中国古代哲学以及当今科学文化知识，而且要努力学习研究当今的科学和古代文化的结合增强分析能力。做到博学多才，运用自己所学的知识去辩证地认识事物的发展和变化关系，辨别事物的真伪。这不仅是为自己而且也是为了他人、为社会和人类作出贡献。有一些人只看到事物的末流，就大唱其调，大做文章，进行标新立异，最终导致不堪设想的后果。

文子曰："愚人的智慧本来就少，而他们妄为的事又很多，因此行动必然难以做通。"所以，他们看到鸡生蛋就对二者谁生谁进行无休止的争吵辩论，却不从根本上去探索和研究。他们看到长江和黄河，却不知吞吐它的是巍巍昆仑；看到珠穆朗玛却不知是喜玛拉雅的脊梁把它托起；看到喜玛拉雅却不知是地壳的运动致使两大板块的运动发生碰撞使它高高隆起，成为世界屋脊；看到地壳板块的运动却不知是地球的自身内部运动和太阳系、银河系、旋涡星系以及宇宙的运动存在使它们不断运动变化的结果；看到旋涡星系却不知是大爆炸产生了各大星系；看到了大爆炸产生的星系却不知是寂静黑暗的宇宙把光明孕育……

总之，人的思想是最重要的，中国有着大量优秀的古籍足以让我们看清这个世界和人种存在以及人类所创造的一些文明。因此，出生在中华祖国这个天朝之国实在是非常幸运，只是有太多的人不认识我中华祖国罢了。中国的文化比任何食粮都要养人；自从始皇焚书，五胡乱我中华，唐代晚期佛政势力焚毁道藏和道家经典著作，清代西欧列强与日寇风狂入侵，文明的中华典籍被浩劫一空，给我们带来了巨大的损失和耻辱。这些典籍倾注着几千年中华学者的毕生心血，她是养育我们的一部部的不朽之作，她使我们的民族在漫长的历史长河中显得如此光而不耀，卓尔不群，她那奇异的光芒养育了中华祖国群星灿烂般的学者。因此，我们只有读古今圣贤科技之书，广泛吸取人类的精神食粮，提高我们的文化素质，增强我们的认识能力，才能对得起天地父母和子孙后代。

1. 马头星云气团图

2. 旋涡气团

3. 马头星云气团图

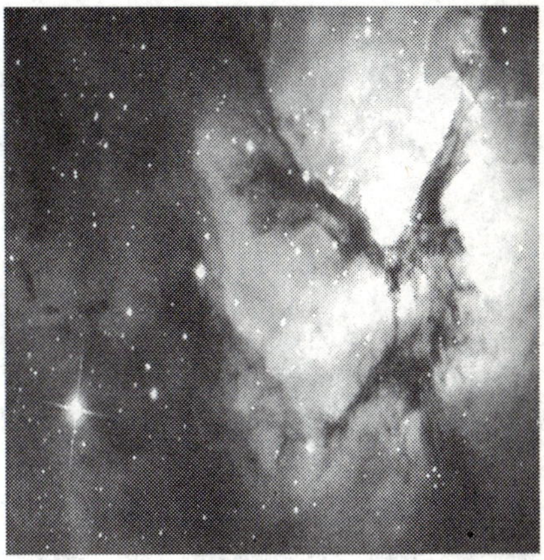

4. 三裂星云图

5. 猎户座大星云团

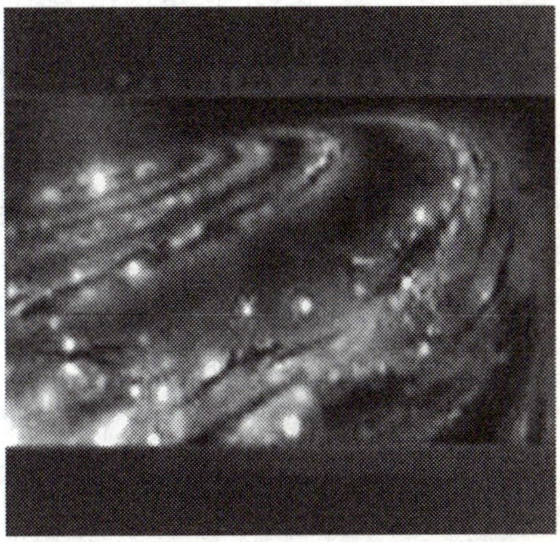

6. 旋涡气团

7. 旋涡星系

8. 旋涡星系

9. 中国古代太极图

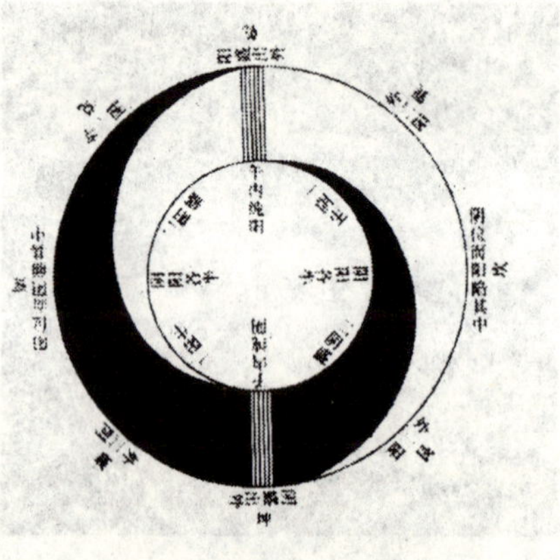

10. 中国古代太极图

本书参考书籍如下：

《黄帝内经》．《黑格尔·哲学演讲录》

《易经》．《马克思主义哲学原理》

《千金方》．《中国人发现美洲》

《神农本草经》．《天地人》

《金匮要略》．《列宁选集》

《本草纲目》．《生命和能》

《伤寒杂病论》

《伤寒论类辩》

《医易启悟》

《实用中医辨证论治学》

《世界地理》

《世界历史地图集》

《四库全书》精选

《三皇五帝时代》

《中国通史》

《世界通史》

《礼记》

《尔雅》

《诗经》

《汉书》

《尚书》

《内经》

《诸子百家》

《史记》

《中国天文学史》

《天文知识》

《养生论》

《论衡》

《周礼》

《禽经》

《中药学》

《吕氏春秋》

《白虎通》

《五行大义》

《道德经》

《类经》

《山海经》

《道经精华》

《金刚经》

《周易与中医学》

《易学精要》